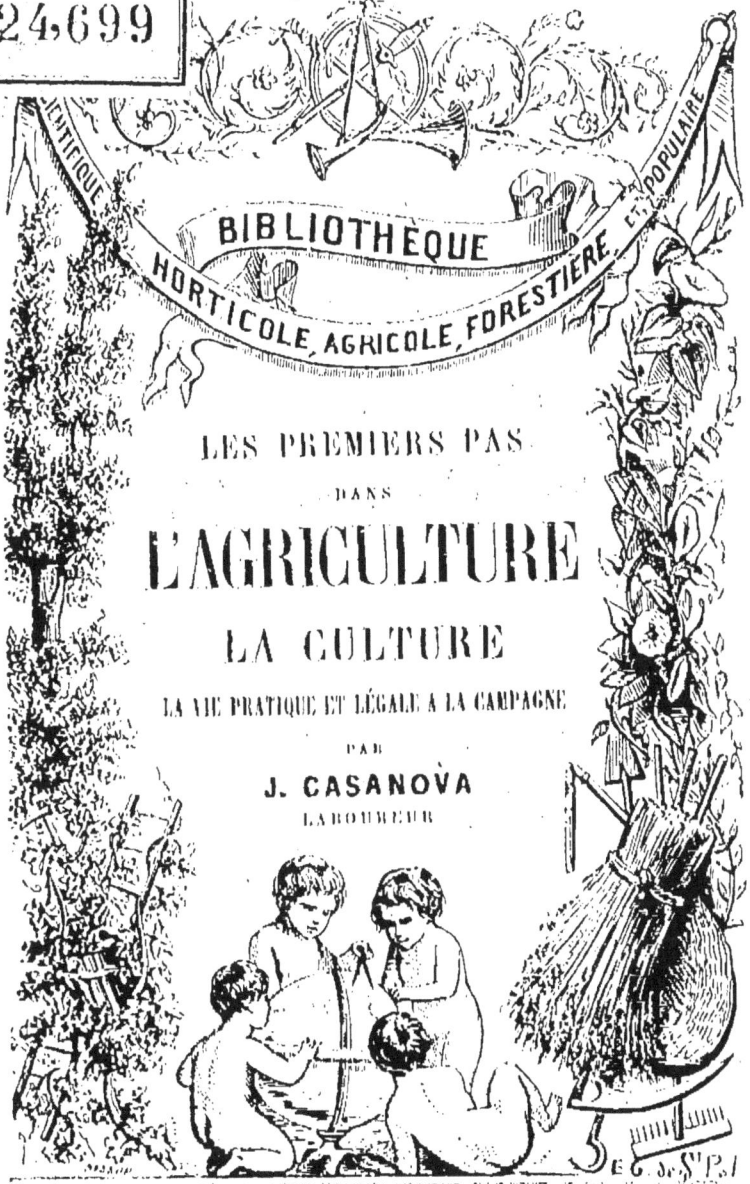

BIBLIOTHÈQUE

HORTICOLE, AGRICOLE, FORESTIÈRE, ET POPULAIRE

LES PREMIERS PAS

DANS

L'AGRICULTURE

LA CULTURE

LA VIE PRATIQUE ET LÉGALE A LA CAMPAGNE

PAR

J. CASANOVA

LABOUREUR

PARIS. J. ROTHSCHILD, ÉDITEUR PARIS.

43, RUE St ANDRÉ-DES-ARTS, 43.

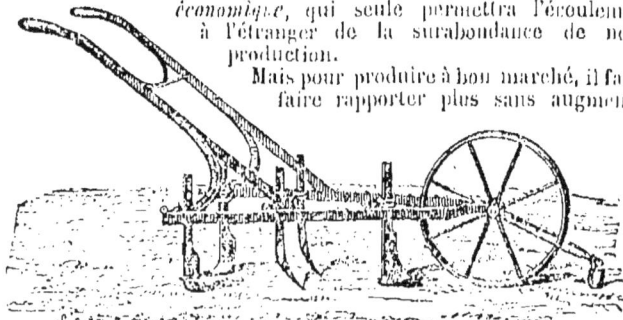

J. ROTHSCHILD, 43, RUE SAINT-ANDRÉ-DES-ARTS, A PARIS

INDUSTRIE DES EAUX

CULTURE
DES PLAGES MARITIMES

HUITRES — HOMARDS

PÊCHE — ÉLEVAGE — MULTIPLICATION
Des Crevettes — Homards — Langoustes — Crabes
Huîtres — Moules — Mollusques divers

PAR H. DE LA BLANCHÈRE

Élève de l'École impériale forestière, ancien agent des Eaux et forêts
Président et membre de plusieurs sociétés savantes

AVEC UNE PRÉFACE

PAR M. COSTE
Membre de l'Institut

Un beau volume de 284 pages in-18, illustré de 70 bois d'après nature
Prix, relié : 2 francs

Pour donner une idée du contenu de l'ouvrage, nous citons quelques lignes de la préface de M. Coste :

« La science a démontré, par des expériences décisives, que la mise en culture et l'exploitation de la mer peuvent être organisées sur les rivages et dans l'intérieur des terres ; ici par la transformation des fonds émergents en champs producteurs de coquillages ; là par la création, dans les baies endiguées, de vastes piscines où les espèces comestibles seront soumises au régime du bercail. Toutes les nations civilisées ont compris l'importance de ce grand problème qui touche à la question des subsistances, et elles s'engagent dans la nouvelle voie ouverte par l'initiative de la France.

« Vous avez réussi, Monsieur, dans votre livre à décrire, avec clarté, les procédés de la nouvelle industrie, et à mettre en relief les résultats qu'on doit en attendre, si ces procédés sont appliqués avec discernement. Je me fais donc un plaisir de recommander ce livre comme un guide facile et sûr. Les nombreux dessins qui l'accompagnent en rendront d'ailleurs l'intelligence accessible aux personnes les plus inexpérimentées. » COSTE, *membre de l'Institut.*

1866

J. ROTHSCHILD, 43, RUE ST-ANDRÉ-DES-ARTS, A PARIS

Vient de paraître. — 1re année.

LE

MOUVEMENT AGRICOLE

EN 1865

REVUE DES PROGRÈS ACCOMPLIS RÉCEMMENT DANS TOUTES
LES BRANCHES DE L'AGRICULTURE, AVEC ANNUAIRE POUR 1866
CALENDRIER, TRAVAUX MENSUELS, SYSTÈME MÉTRIQUE, ETC.

par VICTOR BORIE

Un volume in-18 relié. Prix : 1 fr.

L'agriculture est devenue depuis quelques années une science populaire. Les questions agricoles préoccupent tout le monde, parce que tout le monde reconnaît aujourd'hui la vérité de cette mémorable parole de Sully : « *Tout fleurit dans un État où fleurit l'agriculture..* »

Nous avons pensé qu'il serait agréable au lecteur de trouver condensés dans un petit volume, les faits et événements agricoles de l'année. Cette petite revue de l'agriculture aura aussi son utilité en rappelant aux cultivateurs les différents problèmes soulevés dans le public agricole, et en indiquant les meilleures solutions de ces problèmes. Ce travail, confié à un écrivain aimé du public, a pris, sous la plume de l'auteur, une forme originale, vive, humoristique qui donne du charme à la forme sans rien ôter au fond de son intérêt sérieux.

On pourra lire notre petit livre avec quelque fruit, et l'ensemble de cette œuvre pourra devenir plus tard une précieuse collection.

Nous avons ajouté au *mouvement* de 1865 un Annuaire pour 1866; une indication, mois par mois, des travaux des champs; un résumé du système métrique des poids et mesures, etc.; de manière à former un travail complet.

La deuxième année 1866 paraîtra fin Octobre.

J. ROTHSCHILD, 43, RUE ST-ANDRÉ-DES-ARTS, A PARIS

Vient de paraître: 1re année.

LE

MOUVEMENT HORTICOLE

EN 1865

Revue des progrès accomplis récemment
dans toutes les branches de l'Horticulture
avec Annuaire pour 1866
Calendrier, Travaux mensuels, Système métrique, etc.

PAR M. ED. ANDRÉ

Jardinier principal de la ville de Paris

Rédacteur du *Moniteur universel*

1 vol. in-18 relié. Prix : 1 fr.

La faveur universelle s'attache depuis peu à cette science aimable de l'horticulture, qui donne à la fois des produits nécessaires à nos tables et à nos jardins, cette parure charmante que les anciens appelaient « la fête des yeux. » Aussi l'empressement est-il général à se tenir au courant des innovations de toute sorte qui se font jour dans cet heureux domaine. Mais tous les matériaux qui constituent l'édifice horticole, disséminés dans un nombre énorme de traités, de journaux, d'établissements divers, sont difficiles à consulter et à réunir.

Rassembler dans un volume ces documents épars, les juger avec impartialité, résumer en peu de mots les nouveaux procédés de culture, les plantes nouvelles de tout genre, les outils, les ouvrages de chaque mois, y ajouter les articles de fond sérieux et originaux sur l'histoire et la pratique du jardinage, voilà le but que nous nous proposons d'atteindre chaque année, si ce premier petit livre devient comme nous l'espérons, le guide utile et commode de tous les amis de l'horticulture.

Un Annuaire horticole, augmenté d'un aperçu des travaux de chaque mois, ainsi que des indications nécessaires sur les systèmes métriques, etc., forme un complément nécessaire à ce charmant volume.

La deuxième année 1866 paraîtra fin Octobre.

J. ROTHSCHILD, 48, RUE SAINT-ANDRÉ-DES-ARTS, A PARIS

A l'usage des gens du monde, des cultivateurs, etc.

DICTIONNAIRE

DE

L'ART VÉTÉRINAIRE

**Hygiène, — Médecine, — Pharmacie, — Chirurgie,
Production, — Conservation, — Amélioration des animaux
domestiques**

PAR CH. DE BUSSY

AVEC LE CONCOURS DE PLUSIEURS VÉTÉRINAIRES

Ouvrage honoré d'une souscription de S. E. le ministre de l'agriculture

Un vol. in-18 de 860 pages

Prix : 4 fr. — Relié en toile : 5 fr.

Le titre *Art vétérinaire*, que l'on a adopté ici, parce qu'il est le plus exact et le plus logique, ne doit pas conduire les lecteurs et particulièrement ceux de la campagne à penser que ce guide s'adresse aux savants.

Cet ouvrage est, au contraire, à la portée de tout le monde, et a été rédigé sous forme de dictionnaire pour rendre plus faciles et plus promptes les recherches que nécessitent trop souvent les maladies et les accidents subits chez les animaux domestiques. Le fermier, grâce à ce traité pratique, trouvera de suite les premiers soins à donner à ses bestiaux, et pourra, dans bien des cas, prévenir des affections que le moindre retard rendrait peut-être mortelles. Ce dictionnaire-manuel est donc d'un usage pratique à tous moments, et chacun pourra y puiser avec confiance les renseignements nécessaires à l'hygiène des animaux domestiques.

A la fin de l'ouvrage se trouve une table pouvant remplacer un Manuel de l'art vétérinaire, afin que le lecteur n'ait pas seulement un dictionnaire, mais également un ouvrage pratique dont les recettes sont basées sur les principes non contestés des célèbres écoles d'Alfort et d'Allemagne.

J. ROTHSCHILD, Éditeur, 43, rue Saint-André-des-Arts, Paris.

ENQUÊTE SUR LES ENGRAIS

Ouverte au Ministère de l'Agriculture le 24 Novembre 1864

RAPPORT A L'EMPEREUR

PROJET DE LOI

RÉSUMÉ DES DÉPOSITIONS

Rapport adressé au nom de la Commission des Engrais

A S. E. M. LE MINISTRE DE L'AGRICULTURE

DU COMMERCE ET DES TRAVAUX PUBLICS

PAR M. DUMAS

SÉNATEUR, VICE-PRÉSIDENT DE LA COMMISSION

Précédé d'une Étude sur les causes de l'épuisement du sol
et des conditions de durée de sa fertilité

PAR M. DE MOLON

Un volume de 260 pages. — Relié, prix 2 fr.

Au moment où, de tous côtés, l'Agriculture française élève des justes plaintes à propos des falsifications innombrables qui se commettent dans le commerce des Engrais, les Cultivateurs dirigent leurs pensées vers l'enquête attendue et désirée avec une vive impatience. Comprenant la grande portée que doit avoir cette enquête, un écrivain habile et compétent, rédacteur au journal d'*Agriculture progressive*, a fait le résumé succinct de chaque déposition, en rendant justice à chacun, en accordant une large place à l'Utile et en laissant de côté ce qui n'intéresse pas directement l'Agriculteur praticien. M. de Molon, si bien initié dans la question des Engrais, a précédé ce résumé d'une étude sur les causes de l'épuisement du sol et des conditions de durée de sa fertilité. En dehors du rapport à l'Empereur, fait par Son Excellence le Ministre de l'Agriculture, on y trouve le rapport très-détaillé sur les Engrais industriels que M. Dumas, sénateur et vice-président de la Commission, qu'il a adressé au nom de la commission des Engrais à Son Excellence M. le Ministre; le résumé du vote de la Commission et le projet de loi complètent cette question, qui est du plus haut intérêt pour l'Agriculture française.

DU MÊME AUTEUR

De l'Avenir et de l'Amélioration des Populations ouvrières. Prospérité foncière en France.

Prix . . . . 75 centimes.

POUR PARAITRE PROCHAINEMENT :

Les Veillées des Chaumières

Ouvrage en 4 volumes

Sceaux. — Imprimerie de E. Dépée.

LES PREMIERS PAS

DANS

L'AGRICULTURE

LA CULTURE

LA VIE PRATIQUE ET LÉGALE A LA CAMPAGNE

PAR

J. CASANOVA

Laboureur.

PARIS

J. ROTHSCHILD, ÉDITEUR

LIBRAIRE DE LA SOCIÉTÉ BOTANIQUE DE FRANCE

43, RUE SAINT-ANDRÉ-DES-ARTS, 43

1866

NOTES FAMILIÈRES

D'UN

AGRICULTEUR

PREMIER ENTRETIEN

Ce qui me détermina à faire de l'Agriculture.

Pendant les fréquentes visites que je faisais à ma propriété qui est située dans le département du Cher, ce qui me frappait le plus, c'était le mauvais état de culture dans lequel je la voyais, et malgré mon peu d'expérience en agriculture je résolus de faire valoir ma terre et de l'améliorer, je profitai de ce que mon fermier était à fin de bail pour prendre la direction de ma ferme. Je compris qu'un propriétaire pouvait, avec des avances faites avec prudence, augmenter notablement ses revenus! et je me mis à l'œuvre!

J'ai beaucoup aimé le monde et n'en suis pas saturé, mais j'aime par-dessus tout la campagne : on y éprouve un bonheur inconnu dans les villes; essayez de cette existence et vous verrez bientôt que rien ne pourra vous arracher à vos occupations; ces occupations deviendront pour vous les compagnes assidues de votre existence. Le soir à la veillée vous raconterez à votre famille le résultat de vos opérations, de vos espérances, et le lendemain, avant que l'aurore n'ait paru, vous serez sur pied au milieu de vos laboureurs pour tracer leur travail.

Comme je viens de vous le dire, j'étais étranger à l'agriculture : j'avais passé mon enfance dans les colléges d'Italie, ma jeunesse dans des institutions ou à la faculté de droit de Paris; mes goûts me portaient à avoir une prédilection marquée pour les beaux-arts, je préférais le Louvre à la bibliothèque Sainte-Geneviève ; je passais régulièrement quatre heures par jour dans les musées, et les examens de droit se faisaient attendre! lorsque j'ouvrais un livre de jurisprudence une somnolence impossible à vaincre s'emparait de mon être, adieu *Mourlon*, adieu *Boitard* et *Troplong*; passons *Pardessus !*... Il n'en était pas de même au palais de François Ier : là, je retrouvais les Raphaël, les Titien, les Véronèse, les Goujon, Puget et tant d'autres génies qui ont traduit, soit avec leur ciseau, soit avec leur palette, les œuvres divines de la Bible, les scènes homériques de tous les temps!... L'histoire et la poésie marchent de front, on se sent transporté dans ce sanctuaire, et lorsque le gardien crie (on ferme), ces mots retentissent désagréablement à l'oreille ; cependant l'heure a sonné, on quitte cet auguste monument avec l'espoir d'y revenir le lendemain ! — Mais reprenons, cher lecteur, ce qui doit faire le sujet de notre entretien : je m'adresse particulièrement ici à l'homme du monde inactif et désœuvré ; celui qui possède une propriété, quelque petite qu'elle soit, fera bien d'y consacrer son temps, en proportion de l'importance du terrain qu'il possède : rien n'est plus avantageux que la culture du sol, tant sous le rapport pécunier que sous celui beaucoup plus important de la santé ; les avantages physiques que la vie des champs apportent dans l'organisation se démontrent d'eux-mêmes.

L'activité à laquelle vous serez obligé de vous livrer dans votre nouvelle existence donnera plus de force à votre système organique : si vous êtes malade, vous guérirez souvent, notamment des affections nerveuses, si communes et si cruelles ! — A l'appui de ce que je viens de vous dire, je puis vous fournir un exemple sur moi-même : étranger à la sculpture et m'étant occupé de cet art avec trop d'ardeur, la longue tension d'esprit occasionna une perturbation générale dans mon système nerveux, et je fus saisi de spasmes violents. Le charmant exercice des armes prescrit par les médecins me fit du bien ; mais ce qui m'a fait éprouver une plus grande amélioration, c'est l'exercice que j'ai pris aux champs. Depuis que je m'occupe d'agriculture, mes oppressions tendent à disparaître de jour en jour... et je sens que la complète guérison approche.

Dans la réunion de ces notes je n'ai nullement la prétention de donner des conseils, mais je puis vous entretenir de mes craintes, vous faire part de mes espérances et vous dire enfin ce qui m'a réussi ; puissent ces pages fugitives être pour vous de quelque utilité, c'est la seule récompense que j'ambitionne.

L'Agriculteur. — Avant de vous engager dans le métier d'agriculteur, avez-vous bien réfléchi, et savez-vous que ce métier, très-agréable aux gens actifs qui ne redoutent pas la fatigue, pourrait être fort désagréable à l'homme du monde habitué à ne se lever que quand bon lui semble et à ne sortir que fraîchement ganté. Comment supporterez-vous les rayons brûlants du soleil pendant l'été?... et comment supporterez-vous l'hiver le froid des campagnes ?

Le Commençant. — Je ne me dissimule pas les fatigues qui m'attendent, mais j'ai la ferme volonté de modifier complètement mes anciennes habitudes et de triompher de tous les obstacles.

L'Agriculteur. — Vous voilà maître de vos habitudes, mais de votre caractère le serez-vous également ? Je vous sais bon, mais d'un naturel très-irritable, comment ferez-vous pour commander aux autres, si vous ne savez pas vous commander à vous-même ?

Le Commençant. — Comme je vous le disais plus haut, je tempérerai la fougue naturelle de mon caractère.

L'Agriculteur. — Vous reconnaissez donc que la douceur et même la patience sont nécessaires ?...

Le Commençant. — Ces deux qualités me paraissent indispensables, cependant il faudrait limiter la bonté et appliquer à bon escient les punitions méritées par les indisciplinés.

L'Agriculteur. — Vous n'avez pas plutôt parlé de bonté que déjà vous parlez de châtiment; tout beau mon jeune ami, commencez dès à présent à faire preuve de la patience dont vous voulez faire usage, il vaut mieux pardonner à un serviteur une faute légère que de le renvoyer, on doit souvent passer sur certaines petites escapades des valets et faire semblant de ne pas s'en apercevoir.

Le Commençant. — Cependant les infractions mêmes légères devraient être corrigées, car sans cela comment établir une discipline?...

L'Agriculteur. — Vous établirez avec de la patience, un ordre chez vous conforme au caractère de l'homme en général, aucun de nous n'est parfait, et le maître peut tout aussi bien se tromper que le valet. Avant tout soyez juste et réfléchi; autrement vous acquerrez une mauvaise réputation et le peu de bons serviteurs qui se trouveraient dans le pays ne voudraient pas vous servir.

Le Commençant. — Mais s'il faut passer sur les caprices de ses domestiques, comment pourrait aller une ferme. Il vaudrait mieux, alors, ne pas s'en occuper?...

L'Agriculteur. — Boileau, avait raison de dire, chassez le naturel il revient au galop, tout à l'heure vous étiez décidé à modifier vos habitudes et votre caractère, et vous voilà découragé au premier conseil que je vous donne.

Le Commençant. — Vous avez raison, il faut savoir se modérer; mais que voulez-vous, on n'arrive pas à transformer sa nature en une heure, seulement je prends l'engagement sérieux de faire ce qui dépendra de moi pour arriver à ce bon résultat.

L'Agriculteur. — Je vous vois raisonnable et c'est déjà une première victoire; avec la générosité de cœur que je vous connais, je crois que vous modifierez votre vivacité; ainsi tout à l'heure je vous engageais à être patient et en voici les pricipales raisons : d'abord en changeant à chaque instant de personnel, vos terres ne se laboureront pas, vos bêtes souffriront, vous perdrez vos récoltes, sans compter tous les tracas que vous vous créerez; en passant sur bien des petites choses vous verrez vos domestiques s'attacher à vous, s'ils ne défendent pas vos intérêts, du moins ils n'en seront pas les ennemis, ils travailleront sans beaucoup de zèle, mais ils mettront une certaine bonne volonté dans leur travail, parce que la réputation d'un homme juste vous est acquise et que votre personnel trouvera son bien être dans votre paternelle tolérance. N'allez pas croire que je vous engage à être faible, non, le vol, les désobéissances doivent toujours être suivis d'un renvoi; faites arrêter le voleur, vous rendrez service à la société; accordez huit jours au désobéissant, et, s'il se repent gardez-le, autrement, renvoi immédiat.

Le Commençant. — Maintenant je vous comprends bien, sévérité inflexible dans des cas graves, indulgence dans les fautes légères.

PRÉCAUTIONS NÉCESSAIRES.

L'Agriculteur. — Lorsque votre fermier vous laissera la terre qu'il exploite, vous vous imaginerez peut-être que ses obligations sont remplies. Il n'en est rien cependant. Ce que vous aurez à faire d'abord, ce sera de lire attentivement votre bail, et si vous n'avez pas assez de connaissances en droit, réclamez les conseils d'un avocat où d'un notaire, ils vous donneront l'un et l'autre des éclaircissements sur l'esprit du contrat passé par vous ou par vos prédécesseurs; ils vous renseigneront également sur les habitudes locales qui sont considérées comme faisant loi.

Vous avez probablement fourni un cheptel de fer?

Le Commençant. — Qu'appelez-vous cheptel de fer?...

L'Agriculteur. — Le propriétaire dans le Berry et dans beaucoup d'autres localités a l'habitude de fournir, selon l'importance de la ferme, une certaine quantité d'effets vifs et morts, ces effets se composent de : chevaux, vaches, moutons, charrettes, charrues, harnais, pailles, fumiers, etc. Le fermier se sert de ce cheptel comme étant le sien propre, à la charge de rendre à sa sortie, au propriétaire, non pas la quantité de bêtes qu'il a reçues, ni les mêmes objets, mais la valeur qu'ils représentent et cela par estimation.

Ainsi lorsque vous prendrez possession de votre domaine vous aurez à désigner votre expert, et le fermier sortant en choisira un pour son propre compte. En cas de désaccord, et si les deux experts ne pouvaient s'entendre sur le choix d'un tiers expert, vous vous adresseriez par l'organe d'un avoué au président du tribunal qui nommera le tiers expert. Ce dernier a voix délibérative et prépondérante dans le débat qui a surgi.

Il ne faut pas omettre d'exiger, à la sortie de votre fermier, les réparations locatives qui sont de cinq espèces et désignées par l'article 1754 du Code civil ; les voici :

1° Les âtres, contre-cœurs, chambranles et tablettes de cheminées.

2º Recrépiment du bas des murailles, des apparte-
    ments et autres lieux d'habitation à la hauteur
    d'un mètre.

3º Les pavés et carreaux des chambres lorsqu'il y
    en a seulement quelques-uns de cassés.

4º Les vitres, à moins qu'elles ne soient cassées
    par la grêle, et autres accidents extraordinaires
    ou de force majeure dont le locataire ne peut
    être tenu.

5º Les portes, croisées, planches de cloison, ferme-
    tures de boutiques, gonds, targettes et ser-
    rures.

Il y a d'autres réparations locatives admises par
l'usage des lieux, qu'il sera bon de vous faire indiquer,
le fermier sortant, répond également des dégradations
faites aux auges en pierre, aux barrières, aux bornes
qui se trouvent sous les remises ou dans les cours,
ainsi que des pierres à laver.

L'entretien des râteliers est à la charge également
du locataire. Il serait trop long du reste d'énumérer
ici toutes les charges qui incombent à ce dernier, et
qu'il vous sera facile de connaître en vous adressant
à votre notaire; mais le fermier n'est pas responsable
des dégradations qui proviennent d'un cas fortuit ou
de vétusté. La loi, en général, est plutôt favorable au
propriétaire qu'au locataire; ainsi ce dernier devra
toujours prouver comment a été demandée la répara-

tion, si c'est pour cause de force majeure, ou bien pour cause de vétusté, si les faits ne sont pas prouvés, l'obligation de faire les réparations lui est imposable, à moins qu'une convention expresse n'affranchisse le locataire des charges que je viens d'énumérer.

En cas de contestation avec votre locataire, la compétence du juge de paix de la juridiction des biens affermés est admise.

DES CONTRIBUTIONS.

L'Agriculteur. — Si le fermier sortant était chargé de payer les contributions, faites-vous remettre les quittances du percepteur, voyez s'il a régulièrement payé les annuités de la police d'assurances contre l'incendie, et certaines charges dites de menus-suffrages, qui font souvent partie de conventions spéciales, écrites non pas au bail, mais sur une feuille volante ou sur le registre des fermiers.

Le Commençant. — Qu'appelez-vous menus-suffrages ?...

L'Agriculteur. — C'est l'obligation que le fermier entrant contracte de vous fournir une redevance en nature, telles que poulets, dindes, canards, beurre, œufs, paille, etc., la valeur des objets à fournir se détermine par l'importance de la ferme :

Le Commençant. — A quelle époque le fermier sortant doit-il laisser les granges vides ?...

L'Agriculteur. — Dans le Berry, le fermier laisse les granges vides le 29 septembre, jour de la Saint-Michel.

L'Agriculteur. — Vous voilà donc à la veille de prendre possession de votre ferme, avez-vous songé à choisir un régisseur ? ou au moins un chef de culture.

Le Commençant. — Sur le choix d'un régisseur que me conseillez-vous ?

L'Agriculteur. — On n'a besoin d'un régisseur que dans le cas où l'on aurait une assez forte exploitation et qu'on ne resterait pas soi-même à l'endroit où elle a lieu. Ainsi vous habitez votre château ou votre maison de campagne, ils se trouvent l'un et l'autre, je suppose, placés à cent mètres de votre ferme ; cette distance est trop grande pour que vous puissiez diriger votre personnel : dans ce cas il faut nécessairement vous adjoindre un régisseur, ou un chef d'exploitation, vous en trouverez d'honnêtes et d'intelligents dans les fermes écoles. Si vous avez des connaissances agricoles, contentez-vous de prendre un paysan qui sache lire et écrire, il sera capable de manier la charrue et d'ensemencer vos terres et donnera l'exemple du travail.

Vous exigerez, lorsqu'il entrera à votre service, qu'il se conforme à tel genre de culture que vous lui indiquerez ; vous pourrez, si bon vous semble, lui demander son avis sur vos opérations. Son expérience vous

sera souvent utile, toutefois ne lui donnez pas chez
vous l'importance d'un indispensable, soyez le maître,
et que tout ordre donné par vous soit ponctuellement
exécuté.

Il est urgent de vous munir de quelques bons livres,
dans lesquels vous puiserez d'utiles renseignements;
nous citerons entre autres : *Le Bon Fermier* par
J. A. Barral : *Le Bon Cultivateur* de Dombasle; le
Cours d'agriculture du comte de Gasparin, le *Guide
de l'agriculture*, par Ed. Vianne, *L'Agriculture pratique*,
par J. H. Magne, etc., qui seront pour vous des guides
certains. Assistez aux concours agricoles, observez les
améliorations apportées par vos voisins, faites venir
dans vos terres un agriculteur expérimenté, demandez-
lui son avis sur les modes d'assolements, et ce qui,
d'après son expérience, conviendrait le mieux a vos
terres; soyez curieux de savoir toutes les innovations
et de connaître tous les perfectionnements apportés à
l'agriculture, abonnez-vous aussi aux principaux journaux d'agriculture, vous y puiserez fréquemment des
renseignements dont vous ferez votre profit.

BATIMENTS.

Vous ferez aussi examiner vos granges et vos greniers à fourrages; vous ferez surtout examiner les
couvertures, afin de faire en temps utile les réparations
nécessaires. Vous préserverez ainsi vos récoltes de l'hu-

midité et vous aurez l'occasion de vous féliciter d'a-
voir fait cette dépense à propos.

ÉCURIES.

L'Agriculteur. — Les bâtiments doivent appeler
particulièrement votre attention. Parlons pour le moment des écuries et de la manière dont elles doivent
être installées : dans nos campagnes, on cherche avec
raison l'économie du temps et de l'argent, mais on ne
comprend pas toujours assez, qu'avec quelques sacrifices on ferait une chose complète, qui rapporterait
le centuple dans un temps donné.

Le propriétaire ne s'occupe pas toujours suffisamment de ces objets, soit faute de connaissances suffisantes, soit par insouciance, il charge un architecte
de ses travaux, et souvent l'architecte n'en sait pas
davantage, car autre chose est de bâtir ou aménager
une exploitation rurale et une habitation urbaine, il
faut en agriculture de la solidité et de l'économie, et
pour les animaux de l'aisance, de l'air, si l'on ajoute
à cela la facilité de service, on aura des bâtiments
parfaits, tout luxe doit être proscrit comme une dépense inutile.

Il arrive communément qu'en prenant possession
d'une ferme les bâtiments sont construits d'une
telle façon qu'un changement important devient nécessaire; comme ce changement pourrait entraîner

2

dans de fortes dépenses, et qu'un commençant a déjà
des frais considérables à supporter les deux premières
années, il sera prudent d'aller très-modérément dans
les modifications à faire ; dans ce cas, veillez seulement
à ce que vos chevaux aient une écurie bien aérée, à
ce que les mangeoires et les râteliers soient bien
aménagés ; faites pratiquer au pavé de votre écurie
une légère concavité pour l'écoulement du purin, et
un bassin pour le recevoir, chaque mois faites peindre
au lait de chaux et faites laver le dallage de vos écuries, étables, vacheries et poulaillers.

Maintenant si vos ressources vous permettent de
faire des frais plus considérables et que vos bâtiments
soient défectueux, faites avec ordre et successivement
tout ce qui est nécessaire, vous arriverez ainsi à
donner une perfection à l'aménagement de vos écuries
et de vos étables.

VACHERIE.

L'Agriculteur. — L'aération dans les vacheries et
dans les bergeries est très-nécessaire. Mes vacheries
étaient très-mal construites, un agronome distingué
vint me voir et il m'engagea à prendre des tuyaux en
terre de 0,25 centimètres de circonférence, de les em-
boîter les uns dans les autres jusqu'au toit : j'obtins
par ce moyen un résultat presque satisfaisant. Au
reste, je ne vous recommande ce procédé que dans le

cas où vous ne voudriez ou ne pourriez pas faire mieux.

Vous aurez des auges en pierre pour donner à boire à vos moutons et des auges en bois pour leur donner, lorsqu'il sera nécessaire, le son et leur consommation de betteraves, pommes de terre, etc.

PORCHERIE.

Quant à la porcherie, les auges en pierres sont préférables, il faut les faire disposer de manière à faciliter le nettoyage qui doit se faire après chaque repas.

POULAILLER.

L'Agriculteur. — Faites nettoyer tous les jours le poulailler, en ayant soin de mettre chaque fois sur le pavé une couche de sable de rivière ou de carrière à défaut de chapelin, faites laver tous les deux mois les murs et les niches au lait de chaux; cette eau a la propriété d'assainir et de tuer les pucerons et autres insectes qui se forment dans le bois, ou dans les cavités des murailles.

LAITERIE.

L'Agriculteur. — Il faut que votre laiterie soit tenue avec une propreté extrême, vous n'en permettrez l'accès qu'à la ménagère chargée de préparer les laitages. Vous ferez daller et bien aérer la pièce destinée à cet usage, vous la munirez d'une rigole qui facilitera l'écoulement des eaux au dehors.

Faites cimenter les interstices du dallage, cela évitera le séjour des eaux laiteuses, ces eaux exhalent des odeurs qui altèrent le lait et la crème, les acidifient.

Vous ferez préparer des compartiments pour y déposer vos pots à lait, et pour parler le langage vulgaire des fécelles et des agotas pour faire les fromages, des cremières et des chéguières pour les faire sécher. Munissez-vous, pour préparer votre beurre, d'une barratte américaine; la rapidité avec laquelle vous le ferez lui donnera de la qualité.

COUR.

L'Agriculteur. — Tâchez, si cela vous est possible, d'entourer votre domaine d'une clôture, cela vous évitera une foule d'ennuis, d'accidents et d'inconvénients; la surveillance sera plus facile, et vous ne craindrez pas de voir les animaux s'échapper, et causer des dégâts.

La cour doit toujours être tenue proprement et autant que possible elle doit être sablée; les animaux s'en trouveront mieux, et les travaux d'intérieur s'exécuteront plus convenablement.

Il est bon de faire paver au moins une rive le long des bâtiments, en ayant soin de faire laisser sous l'aplomb des gouttières une rigole avec une pente convenable pour conduire les eaux pluviales dans un réservoir, où de là elles iront se déverser dans les champs. Ce réservoir vous sera d'une très-grande utilité, les poules et les dindes iront y boire, les canards y barboteront à leur aise, et dans le cas où vous auriez le malheur d'avoir un incendie, avec votre pompe et l'eau de votre bassin, vous pourrez combattre et empêcher les progrès de l'élément destructeur.

Le Commençant. — Je m'aperçois un peu tard que j'abuse de votre bonté, mais j'ai un si grand désir de m'éclairer que je vous prierai demain de me continuer vos bienveillants avis.

L'Agriculteur. — Je vois de mon côté que vous m'écoutez avec attention, aussi je me livre à vous tout entier et avec plaisir, poursuivons :

Vos greniers seront visités par vous-même, vous aurez soin de séparer toutes les espèces de grains, blés, orges, sarrazin, etc., et cela d'une manière sévère.

Il en sera de même pour vos graines de luzernes et de trèfles; comme la graine de ces graminées est très-petite, vous feriez bien de faire pratiquer des compartiments avec n'importe quel vieux bois que vous placerez dans un coin de vos greniers. Quant à la vesce, sainfoin et autres graines plus volumineuses, vous pouvez les mettre en tas de même que les blés.

Dans les départements du centre de la France, le blé est attaqué par un ennemi terrible qui occasionne des pertes énormes à l'agriculture, c'est *l'alucite* plus connu dans le Berry sous le nom de *papillon*, et malgré de nombreuses recherches on n'est pas encore parvenu à détruire cet ennemi de nos céréales. Toutefois il faut reconnaître que l'apathie des habitants n'a guère aidé les chercheurs et que les procédés qui ont donné les meilleurs résultats ont été à peine essayés par les cultivateurs. Le meilleur moyen pour parer le mal, consiste à battre la récolte aussitôt après la moisson par des batteurs très-énergiques ; si après cela le papillon se montre, ce que l'on a de mieux à faire c'est de vendre le blé, à moins qu'on le fasse passer dans *l'aluciteur*, appareil encore peu connu au moyen duquel on fait passer tous le grain par une température de $+ 65$ à 75°.

Quant au charançon, lorsque les greniers en sont infectés, le meilleur moyen pour s'en débarrasser consiste à emmagasiner du foin pendant une campagne.

Quelques soins que vous ayez pris pour nettoyer vos grains à la grange, il y restera encore de petites pierres, des graines sauvages, telles que la vesce, l'ivraie, la *rougeole*, la folle avoine, la *sauce*, etc... Vous ferez bien, pour extraire toutes ces mauvaises graines, de vous munir d'un bon crible trieur.

FOSSE A FUMIER.

L'Agriculteur. — Une des choses les plus importantes dans une exploitation agricole est la conservation des fumiers. Aussi vous ne négligerez pas de faire creuser votre emplacement à fumier à un bon mètre de profondeur ; rendez-le terrain au centre plus concave, de manière à ce que toutes les pentes viennent converger à un même point et fassent écouler les eaux de fumier dans une fosse à purin.

Le Commençant. — Qu'est-ce que c'est que le purin ?

L'Agriculteur. — Ce sont les sucs qui s'expriment du fumier, ils sont très-précieux pour l'arrosage des prés, des plantes légumineuses et fourragères, et de toutes les plantes dont la végétation a besoin d'être excitée. Pour arroser votre fumier munissez-vous de tonneaux, vous pourrez les remplir au moyen d'une pompe, à défaut, avec des seaux ; j'oubliais de vous dire de ne pas omettre l'arrosage des fumiers avec le purin, autrement en se desséchant les fumiers perdraient de leur force, et la moisissure s'en emparerait. Un autre inconvénient à signaler est celui des mauvaises graines qui se trouvent dans le fumier, veillez donc attentivement à ce qu'il soit bien consommé avant de le répandre sur vos terres, parce qu'alors vous n'aurez pas à redouter l'inconvénient que je viens de vous signaler.

Maintenant que vos bâtiments sont visités et en état convenable pour recevoir vos bêtes et vos récoltes, il faudra examiner vos charrues et autres instruments agricoles.

CHARRUES.

L'Agriculteur. — Je suppose que vous avez fait faire un hangar pour abriter tous les instruments de votre exploitation, exigez que tous les soirs vos ouvriers ou vos valets remettent en place ce qu'ils ont pris le matin, sans quoi, non-seulement le lendemain ils perdraient leur temps à chercher leurs outils, mais souvent aussi vous les perdriez, ou tout au moins ils se détérioreraient soit à la pluie, soit au soleil.

Maintenant revenons aux charrues, il vous en faut en nombre suffisant pour que vos charretiers n'attendent pas les uns après les autres, et même quelques-unes de rechange, pour ne pas perdre de temps en cas de bris d'une pièce quelconque.

Il est bon d'avoir aussi en double quelques-unes des principales pièces, préparées de manière à pouvoir être mises en place sans le secours d'ouvriers étrangers.

Le choix des charrues doit être basé sur la nature du sol que vous aurez à cultiver; celles dites de Dombasle, avec ou sans avant-train, font le plus excellent travail; leur prix est variable, le simple araire avec versoir ordinaire vaut de 35 à 65 francs, ajoutez le montant des avant-trains qui vaut de 45 à 70 francs, enfin pour 120 ou 130 francs vous avez une très-bonne charrue avec laquelle vous pourrez labourer parfaitement vos terres.

Le Commençant. — J'ai également deux hectares de vigne, avec les charrues que vous m'indiquez pourrais-je les travailler ? ou bien vaut-il mieux les faire faire à bras selon l'usage adopté jusqu'à ce jour ?

L'Agriculteur. — Les charrues dont je vous ai parlé peuvent servir à labourer vos terres et en même temps à préparer de la façon la plus convenable le terrain que vous destinez à la plantation d'une vigne mais elles ne sauraient convenir à une vigne plantée, vous vous serviriez alors d'une charrue dite vigneronne. Plusieurs constructeurs fabriquent actuellement ce genre d'instrument et bientôt il deviendra aussi commun que la charrue ordinaire, car son utilité est de plus en plus appréciée. Il faut, pour la vigne, renoncer à la culture à bras, cette culture est trop dispendieuse, et pour peu que la saison soit mauvaise et que vous habitiez une région où la vigne est exposée à geler, dans les années où votre vigne serait atteinte, les frais dépasseraient de beaucoup le produit de votre vignoble si vous le cultiviez ainsi.

Le Commençant. — J'ai remarqué dans la propriété que je vais exploiter une trentaine d'hectares couverts littéralement de pierres et de cailloux, les moutons n'y peuvent même pas trouver la plus légère nourriture, il est douloureux et très-préjudiciable de laisser inculte une si grande quantité de terre dont la couche végétale me paraîtrait de bonne substance si elle était débarrassée de toutes les pierres qui la couvrent; que faire dans un pareil cas?

L'Agriculteur. — L'épierrage à la main est impraticable, non-seulement parce qu'il est ruineux, mais aussi parce qu'il est impossible que l'on puisse ramasser dans les champs où il y a des quantités innombrables de cailloux et de pierres dont le diamètre est de 1, 2, 3, jusqu'à 10 centimètres, il faudrait pour ramasser ces pierres des armées entières d'hommes et de femmes occupés à ne ramasser que les cailloux qui sont dans vos propriétés; jugez maintenant si cela est possible; vous me demanderez, que faire alors? renoncer à cultiver cette terre? C'est bien pénible. On a essayé des machines compliquées depuis bien longtemps pour épierrer les champs; aucune n'a réussi; cependant il y avait un moyen bien simple qui a échappé jusqu'ici à tout le monde, et qui vient d'être mis à exécution. Voici ce dont il s'agit : Le journal d'agriculture pratique a publié un dessin et une notice sur la charrue épierreuse Casanova; cette charrue fait un travail complet dans l'épierrage, de plus elle peut se transformer instantanément en ramasseuse de boues et en ratisseuse; voulez-vous la convertir en houe à cheval ou en rayonneur? l'heureuse configuraion de la charrue vous permet tous ces changements avec une facilité extrême. L'instrument est très-simple et très-léger; un seul cheval suffit pour l'opération de l'épierrage qui se fait d'une manière parfaite. Dans le cas où vous vous trouvez je ne puis que vous conseiller

CHARRUE ÉPIERREUSE
Chez Péltier jeune, rue Fontaine-au-Roi, 10.

l'emploi de la charrue épierreuse dont le prix n'est pas élevé, vous transformerez ainsi une terre stérile en bonne terre de rapport.

Je voudrais également vous conseiller l'essai de la charrue Trissocs du même inventeur, qui manœuvre très-facilement avec un seul homme et quatre chevaux tout en traçant trois sillons simultanément. On parle dans ce moment de cette invention appelée à rendre aussi de très-grands services à l'agriculture.

ROULEAUX.

L'Agriculteur. — Un rouleau brise-mottes dit *Cross-kill* vous rendra aussi de grands services, lorsque vous laboarerez profondément et par un temps sec. Le guéret est en grosses mottes, impossible alors d'y faire fonctionner ni extirpateur ni scarificateur, ni herses pour enlever les mauvaises herbes; un deuxième labour et même un troisième ne sauraient vous aider et puis jugez quelle perte de temps et dans ce travail quelle fatigue pour vos bêtes. Que faire? Vous voulez ameublir votre sol avant de le semer, mais de gros pavés en terre montrent leur dos hérissé et s'opposent impitoyablement à votre projet. Dans ce cas ayez recours au rouleau Crosskill, qui pulvérisera pour ainsi dire votre guéret; c'est ainsi qu'après vous pourrez extirper facilement toutes les mauvaises herbes et nettoyer complètement votre champ tout en épargnant beaucoup de peines et de fatigues à vos hommes et à vos chevaux.

Un ou deux rouleaux plombeurs vous seront nécessaires pour enterrer vos graines après le hersage.

HERSES.

L'Agriculteur. — Il vous faudra plusieurs herses en fer et en bois, soit pour enterrer vos graines, soit pour détruire les mauvaises herbes. La herse est d'une très-grande importance dans la culture; elle facilite la porosité du sol et permet aux sucs nutritifs de s'infiltrer sans obstacles.

DÉCHAUMEURS. — EXTIRPATEURS.

L'Agriculteur. — Servez-vous de déchaumeur pour défricher vos terres après la moisson.

Votre scarificateur-extirpateur servira pour arracher les mauvaises herbes, il émiette à l'égal de la herse une terre ameublie et peut remplacer le second labour du printemps.

Vous pourrez enterrer avec le même instrument vos céréales, au lieu de faire cette opération à la charrue; cela vous évitera une perte de temps.

HOUES A CHEVAL.

L'Agriculteur. — La houe à cheval sera d'une utilité précieuse pour vos plantes à sarcler; un cheval et deux hommes aidés par cet instrument façonneront dans une journée plus d'un hectare de terre, là où il vous aurait fallu plus de vingt journées d'un homme; vous ferez une grande économie de temps et d'argent, mais pour cela il faut semer en lignes et non pas à la volée.

MACHINE A BATTRE.

Il y a à peine 80 ans qu'un Écossais donna le pre-

mier élan aux machines à battre; leur usage s'est rapidement propagé en France, et aujourd'hui elles sont
arrivées aussi près que possible de la perfection, il
y en a d'ailleurs pour toutes les bourses, depuis la
machine de 650 fr. y compris un manége pour
deux chevaux, jusqu'à celle de 6,000 fr. avec une
puissance locomobile de 5 chevaux; avec ces puissants instruments on peut battre de 120 à 140 hectolitres de blé par jour. Ces machines rendent le blé tout
nettoyé; néanmoins, avant de le conduire au marché, il
est toujours bon de le passer au tarare; cette opération,
qui n'est pas coûteuse, lui donnera *de la main* et par
conséquent en augmentera la valeur.

MACHINE A MOISSONNER ET A FAUCHER.

L'Agriculteur. — Si vous avez des prés naturels,
des prairies artificielles, une faucheuse-moissonneuse
vous sera très-utile, vous obtiendrez avec cet instrument un travail parfait et une grande économie; il y
en a aujourd'hui plusieurs qui fonctionnent bien, entre
autres celles de MM. Durand d'Issoudun, Roberts de
Paris, Lallier de Soissons, — Peltier jeune de Paris, Gérard de Vierzon, etc.

MACHINE A FANER. — RATEAU.

Toujours au point de vue de l'économie, faites l'acquisition d'une machine à faner; un rateau à cheval

vous sera indispensable pour la fenaison de vos prés, ce dernier réussirait moins bien dans les trèfles, luzernes et sainfoins, son action étant trop énergique effeuille ces plantes, et vous perdez ainsi ce qu'il y a de meilleur. Le travail à bras me parait dans ce cas plus utile, toutefois on parle d'une machine dite faneuse-économique et à double action, qui peut obvier à ces inconvénients ; assistez aux concours agricoles et renseignez-vous ou voyez fonctionner cette machine, vous jugerez de son effet.

COUPE-RACINES ET HACHE-PAILLE.

Un coupe-racines et un hache-paille vous sont indispensables pour faire consommer à votre bétail vos plantes fourragères, la dépense d'ailleurs n'en est pas considérable. L'emploi de ces instruments vous sera d'une grande économie, parce qu'il vous permettra de répartir également et sans aucune perte les fourrages que vous destinez à votre bétail ; ce mode de préparation aura encore un autre avantage, celui de permettre à vos animaux de manger plus facilement leur nourriture, sans que vous ayez aucun trouble à redouter dans leur appareil digestif, comme cela pourrait vous arriver dans la distribution des racines ou des fourrages, sans l'emploi des instruments indiqués plus haut.

CHARIOTS ET CHARRETTES.

L'Agriculteur. — Le transport de vos fourrages et de vos matériaux exige de bons chariots. Ces véhicules ont été jusqu'à présent trop négligés, et, sans me prononcer pour tel système, je vous recommanderai de les choisir solides et légers.

CONCASSEURS

Un bon concasseur vous sera aussi très-utile, pour broyer les fèves, l'avoine, le maïs, et autres grains que l'on donne aux chevaux ; ces derniers, trouvant ces grains ainsi préparés, mangeront sans difficulté leur ration et profiteront mieux de leur nourriture. L'action digestive, par le broyage complet des aliments se fera plus facilement, sans déperdition de la substance la plus nutritive, ce qui a lieu souvent, la répartition de la nourriture par la mastication étant incomplète.

Le Commençant. — Y a-t-il encore des instruments qui me seraient d'une utilité indispensable ?

L'Agriculteur. — Tout est utile dans une exploitation agricole, et si vous vouliez compléter votre matériel ce serait un bien ; mais pour cela, il faut une grande exploitation et une mise de fonds qui dépasseraient les forces des fermiers en général et même celles des propriétaires aisés. Il faut autant que possible limiter les dépenses de votre matériel, éviter les acqui-

sitions d'un prix trop élevé telles que celles des
moteurs à vapeur. Il vous faut cependant le nécessaire, n'en soyez pas avare, car vous serez largement
dédommagé de vos dépenses, et d'ailleurs, sans les
instruments indispensables, il n'y a pas de possibilité
de bien faire exécuter les travaux, et vous sacrifieriez
inutilement votre temps, votre terre et votre argent.
Un bon matériel est donc d'une utilité absolue.

Le Commençant. — Et avec les instruments indiqués plus haut pourrais-je espérer avoir le strict nécessaire pour mener convenablement mon exploitation ?

L'Agriculteur. — Je le pense ; et à l'exception de
la machine à vapeur à battre, qui était d'un prix trop
élevé pour mon exploitation, j'avais tous les instruments dont je vous ai parlé, et j'ai obtenu des résultats très-satisfaisants.

Le Commençant. — Je m'en tiendrai à ce que vous
m'avez indiqué, sauf à compléter mon matériel au fur
et à mesure que les revenus de mon exploitation me
le permettront.

DEUXIÈME ENTRETIEN

DU CHEVAL

L'Agriculteur. — Soldat agricole, vous voilà armé, vous avez appris votre théorie; voyons l'application de cette théorie dans la première manœuvre. Commençons par le cheval : A ce sujet, quelques connaissances que vous ayez dans l'équitation et sur le cheval, votre premier soin doit être d'appeler à votre aide un vétérinaire, soit que vous receviez un cheval de votre fermier, soit que vous l'achetiez. Les lumières d'un homme expérimenté vous seront très-utiles. De nos jours, la plupart des hommes du monde connaissent le maniement du cheval, mais la difficulté ne réside pas seulement dans l'art de maîtriser et de conduire élégamment une bête; un plus grand danger existe que ni vous ni moi, bons cavaliers, nous ne saurions éviter, ce sont les vices, les lésions ou les défauts peu apparents. Le vétérinaire a acquis cette expérience par les études spéciales auxquelles il s'est livré. A l'appui de cette assertion, voyez le plus beau régiment de cavalerie, les hommes font exécuter aux chevaux les manœuvres les plus difficiles, mais le vétérinaire est toujours présent lorsqu'il s'agit de contrôler les achats des chevaux, cela est indispensable.

Je n'entends pas par là, que pour la moindre chose vous fassiez appel au vétérinaire; non, en pareil cas et même dans un cas pressé, la connaissance que vous avez du cheval pourra vous permettre de panser ses blessures, mais si la chose est grave, je ne saurais jamais trop vous conseiller, comme dans l'acquisition du cheval, d'appeler à vous le vétérinaire..

Par exemple, si vos chevaux étaient blessés soit par les colliers, soit par les traits, vous pourriez, sans le secours du vétérinaire, combattre le mal. Vous feriez laver avec un peu d'eau fraîche la blessure, vous prendriez ensuite un demi-litre d'eau-de-vie, 7 grammes d'acétate de plomb et 25 grammes d'alcool, et vous guéririez le cheval, même en le faisant travailler.

Beaucoup de chevaux sont sujets aux fluxions périodiques, affections des yeux; prenez, pour les combattre, quelques grammes de sulfate de zinc et d'eau de rose, vous laverez avec cette solution la partie malade.

Nous allons, avant de recevoir ou d'acheter un cheval, dire un mot sur les espèces de chevaux, vous savez qu'elles se divisent en races légères, moyennes et de gros trait.

Les races légères, ayant plus d'ardeur que de fond, ne sauraient convenir aux rudes travaux d'une exploitation, elles ne doivent donc pas former l'objet de notre entretien; les races de gros trait fixeront généralement notre attention : les formes extérieures sont toujours l'expression de la force intérieure. Il faudrait donc choisir de préférence un cheval ayant à l'avant une large poitrine, les épaules fortes, le garrot peu apparent et une belle encolure. A l'arrière du cheval, examinez si la croupe est large, double et très-étoffée. En un mot, les races les plus parfaites dans notre beau pays, sont la race Boulonaise, la Percheronne et la Bretonne ; avec de pareils chevaux vous exécuterez dans la perfection les travaux les plus ardus et les plus difficiles. Parmi les chevaux de race légère, vous trouverez beaucoup plus d'énergie morale, le système nerveux y prédominant, vous obtiendrez avec ces chevaux plus de vitesse, vous trouverez plus d'élégance dans la forme, mais cette race sera dépourvue de la résistance nécessaire, son ardeur même servant à l'épuiser. Trop grêle et trop fine, cette race ne peut convenir qu'aux amateurs de chevaux qui en font un objet de luxe ; il est évident que la beauté, l'élégance, la vitesse, l'intelligence de ce noble animal sont des attributs bien séduisants, mais vous ne pourriez pas avec cela faire marcher vos travaux. S'agit-il pour vous de l'achat d'un cheval carrossier, alors prenez un cheval de race moyenne que vous pourrez utiliser au besoin comme cheval de chasse et parfois comme cheval de trait. Mais ne comptez toujours comme cheval de résistance que sur les races que nous avons désignées; ce sont les seules, je le répète, qui puissent remplir le but que se propose un bon agriculteur.

CHEVAL NORMAND

Le cheval normand peut être classé en tête des chevaux carrossiers, et on en fait également de bons chevaux de labours.

CHEVAL PERCHERON

Le cheval percheron, léger, peut, comme le cheval normand, vous rendre les services d'un bon carrossier; vous pourrez l'affecter avec un égal avantage aux labours, seulement son tempérament vif et impatient le rend fréquemment poussif.

Le Commençant. — J'ai souvent entendu parler des chevaux Limousins et Bigourdan, que pensez-vous de ces races ?

L'Agriculteur. — Ces deux races de chevaux sont, en effet, à la hauteur de leur réputation, l'une et l'autre sont douées d'un excellent tempérament; elles ont de la distinction dans leurs formes, leur allure est rapide, mais tout cela ne saurait vous convenir pour la charrue, vous pourrez employer ces chevaux dans des chasses à courre. On s'en sert généralement au service de la cavalerie légère.

Le Commençant. — On m'a également parlé du cheval des Ardennes.

L'Agriculteur. — Cette race de chevaux a beaucoup de fond, et vous pouvez l'employer avec avantage au labourage des terres qui ne sont pas trop fortes, ces chevaux deviennent rarement poussifs, ils ont un tempérament solide et pas trop de vivacité.

Nous ne parlerons pas des chevaux arabes ni des chevaux anglais et de beaucoup d'autres races dont l'origine doit se reporter aux deux premières; notre but est de chercher un bon cheval de labour, nous venons de nommer plus haut les meilleurs, cependant si vous êtes dans un pays où vous vous trouviez dans l'obligation de recevoir des chevaux de la province que vous habitez, il se peut que vous en trouviez d'excellents parmi le nombre. Ainsi, dans la province du Berry, j'ai eu ce rare bonheur, j'ai pu monter cinq attelages faisant parfaitement mes labours à la profondeur de trente à trente-cinq centimètres, et d'une rusticité et d'une sobriété remarquables; vous dire la race à laquelle appartiennent ces chevaux cela m'est impossible, ce sont des chevaux élevés par les fermiers du pays et qui, je vous assure, sont d'un utile service.

Vous voilà fixé sur le choix de la race. Que faut-il faire pour l'achat du cheval ?

Avant d'acheter un cheval, voyez-le à l'écurie, et si son attitude vous plaît, assurez-vous si cette attitude est chez lui à l'état normal; ensuite faites sortir le cheval de l'écurie, et s'il relève la queue et l'arrière-main avec vigueur, c'est là un bon indice; il sera nécessaire de s'assurer si cette vivacité n'est pas fictive ou si elle n'est pas occasionnée par des ingrédients que les maquignons emploient pour donner plus de feu apparent aux bêtes qu'ils vendent.

Ne voyez jamais un cheval ni sellé, ni sous le harnais, mais bien nu; examinez ses dents pour constater son âge, examinez la tête et remarquez si les oreilles sont bien plantées; de là passez à l'encolure, voyez si elle est belle, examinez ensuite le garrot, sans oublier la ligne dorsale et les reins qui doivent être larges et forts, et la hanche bien arrondie. Pour vous assurer si la respiration est saine, comprimez la gorge de l'animal, il sera forcé de tousser, et vous saurez à quoi vous en tenir sur l'état de sa poitrine.

Faites trotter le cheval et lorsque la respiration sera accélérée, examinez le ventre et le flanc, remarquez si toute la surface est unie et suit un mouvement régulier; si vous observez une légère proéminence ou enflure, c'est l'indice certain d'une lésion intérieure. A vous de veiller à cela!...

Voyez si le genou n'indique rien qui puisse être le résultat d'une chute, vous pourriez acheter un cheval couronné, comme on dit usuellement, et cela le déprécie complètement; examinez le boulet, voyez le pied dessus et dessous et tâchez de découvrir si la bête n'est pas sujette à des blêmes; n'oubliez pas de fixer votre attention sur l'avant-bras, le canon, la jambe et le jarret. Tâchez de voir si le cheval n'a pas vu le feu, ces cas ne sont pas des vices que l'on appelle rédhibitoires, et tant pis pour vous si vous n'y faites pas bien attention ou que vous négligiez de demander à votre aide l'expérience d'un bon vétérinaire.

Le Commençant. — J'ai oublié les cas rédhibitoires. Quels sont-ils?...

L'Agriculteur. — Nous allons chercher ensemble sans commenter la loi qui est établie à ce sujet,

Aussi nomme-t-on comme vices et vulgairement cas rédhibitoires :

Les maladies anciennes de poitrine.

La fluxion périodique des yeux.

La morve.

L'épilepsie.

Le farcin.

L'immobilité.

La pousse.

Le cornage chronique.

Le tic sans usure.

Les hernies inguinales intermittentes.

La boiterie intermittente.

Pour la fluxion périodique des yeux, la loi nous accorde un mois, et neuf jours pour les autres cas.

Dans le cas où vous vous trouveriez dans la nécessité d'annuler les conditions faites pour l'achat de votre cheval, adressez une requête au juge de paix du pays où vous l'avez acheté. Le juge nommera des experts qui décideront la question à bref délai.

Pour vous mettre à l'abri de toute supercherie ou de toute surprise, demandez une garantie conventionnelle et ayez soin de prévoir et de stipuler qu'il y aura nullité de contrat si, en dehors des cas rédhibitoires, vous remarquez d'autres vices que la loi n'a pas prévus.

PRODUCTION DES JUMENTS.

L'Agriculteur. — Lorsque vous aurez créé assez de prairies artificielles et naturelles, les fourrages seront très-abondants chez vous ; alors un des moyens d'augmenter les revenus de votre terre, sera celui de la multiplication des chevaux, des bœufs et des moutons. Parlons d'abord des premiers. Pour obtenir de bons élèves, ayez soin de choisir vous-même votre jument, ainsi que votre étalon, tous les deux doivent avoir des formes très-développées ; si la jument était un peu plus grande que l'étalon, vous obtiendriez quand même un bon élève, parce que en peu de temps avec une abondante alimentation le sujet atteindra facilement la taille de sa mère ; il n'en serait pas de même, si la jument était de beaucoup plus petite que

l'étalon, vous n'obtiendriez alors que de chétifs produits.

La gestation de la jument est de onze mois environ.
Il est important de lui laisser allaiter son poulain pendant quatre mois, quoique ce dernier puisse, avant ce
temps, s'alimenter en partie en suivant sa mère au
pâturage :

JUMENTS.

Le Commençant. — A quel signe reconnaît-on
l'âge du cheval?

L'Agriculteur. — Les dents dites de lait disparais-
sent chez le poulain à 5 ans; à 6 ans les pinces in-
férieures effacent leur cavité; à 7 ans, les mitoyennes
sont rasées et les coins à 8 ans ne marquent plus,
les pinces supérieures s'effacent à 9 ans, les mitoyennes à 10 ans, et les coins à 12 ans.

POULAINS.

Vous pouvez commencer le dressage de vos poulains
à partir de l'âge de 2 ans, mais ne les fatiguez pas
par de trop longues courses; en leur faisant porter de
lourds fardeaux, vous épuiseriez bien vite les forces de
l'animal et vous vous exposeriez à le perdre ou à lui
donner des maladies. Habituez insensiblement votre
poulain à la selle si c'est un cheval d'équitation, ou à
l'attelage si c'est un cheval de trait; vous parviendrez

ainsi à l'utiliser en partie pour votre service et en modérant le travail de votre élève, vous lui donnerez plus de force et de souplesse, et à l'âge de cinq ans, vous aurez un cheval parfait pour l'usage auquel vous le destirez.

BOEUFS.

L'Agriculteur. — Après l'espèce chevaline, les bœufs se classent en 2ᵉ ligne par l'importance des services qu'ils rendent dans l'exploitation agricole. Les races de bœufs sont très-nombreuses et leur nomenclature deviendrait fastidieuse, bornons-nous aux races bovines de notre pays. Nous placerons en tête la charolaise, la nivernaise et la choletaise qui engraissent facilement et travaillent rudement; on peut les employer quatre heures par jour à la charrue sans crainte de leur nuire. Les bœufs du Limousin et ceux de Salers sont aussi de bons travailleurs. Pour le laitage, les races préférées sont la hollandaise, la petite race d'Ayr, la flamande, la normande et la petite race bretonne.

Comme nous l'avons dit plus haut, lorsque vous serez abondamment et au delà pourvu de fourrages, introduisez dans votre exploitation l'usage de faire des élèves, vous constaterez par ce moyen un gros revenu de plus à la fin de chaque année, sans compter le

fumier, source de toute prospérité agricole, que cet
excédant de bétail vous donnera.

Pour la reproduction du bétail, ne négligez pas de
chercher par tous les moyens possibles à améliorer la
race; ainsi le taureau né d'une bonne vache laitière
sera celui que vous utiliserez pour faire des élèves de
bestiaux.

Vous ne donnerez pas le taureau aux génisses avant
l'âge de vingt mois.

GESTATION.

L'Agriculteur. — La *gestation* des vaches est d'environ neuf mois, dans quelques contrées on les fait travailler; si vous êtes dans ce cas, vous veillerez à ce
que pendant ce temps elles ne fassent qu'un travail
très-modéré, par un travail pénible l'avortement serait
éminent, la prudence même veut que quatre mois avant
le part vous la laissiez au repos et que vous ne la fassiez
sortir qu'une ou deux heures par jour et dans un endroit peu éloigné de la ferme.

ALLAITEMENT.

Vous pouvez laisser téter le veau pendant six semaines à deux mois environ, mais il serait préférable de l'é-
loigner de sa mère aussitôt qu'elle a mis bas et avant
qu'elle n'ait eu le temps de le lécher.

ROSÉE.

Il ne faut jamais faire sortir vos troupeaux avant que la rosée n'ait disparu ou avant que l'herbe ne soit ressuyée dans le cas où la pluie aurait tombé, sans cette précaution vous les exposeriez à la météorisation.

VEAUX.

Nous avons dit plus haut, qu'un père et une mère bien constitués donnaient généralement de bons produits, dès lors le choix des veaux est fixé; l'accouplement de deux bons sujets vous donnera généralement des veaux ayant la partie osseuse, fine et déliée, une poitrine large et carrée au sommet comme en bas; il sera rarement en sellé et ses reins seront larges, la tête sera petite et l'œil rempli de vivacité.

VACHES.

M. A. Isabeau, dans son *Cours d'agriculture pratique*, nous donne une longue description sur le choix à faire d'une vache laitière; il ajoute à ses sages explications des dessins qui mettent les personnes à même de ne pas se tromper. Je vous engage donc à consulter cet auteur très-attentivement, je n'omettrai pas de vous dire qu'il indique un signe particulier qui pourra vous guider. Ce signe est un dessin apparent qui se trouve placé sur le pis de la vache, et dont le point de départ commence sous le ventre en avant des deux premiers trayons, ce signe passe ensuite, entre et autour des quatre trayons et remontant sur le pis, plus haut que le pis, et quelquefois même ce dessin atteint la vulve et la queue.

On doit cette découverte précieuse aux frères Guénon, car jusqu'alors quelles que fussent les facultés de l'agronome, il n'était jamais certain de faire un bon choix : toutefois ce signe n'est pas infaillible, on a vu des vaches mauvaises laitières l'avoir au plus haut degré, mais c'est une exception.

ENGRAISSEMENT.

L'Agriculteur. — Pour engraisser des bœufs, choisissez avant tout des bêtes n'étant ni trop vieilles, ni épuisées par un long travail ; dans l'un et l'autre cas, vous n'obtiendrez que des résultats peu satisfaisants, parce que vous auriez une difficulté extrême à engraisser de pareils animaux.

L'engraissement peut se faire au pâturage et à l'étable. En Normandie généralement on mène les vaches à la prairie, et on obtient très-rapidement des bêtes fort grasses ; mais pour obtenir de si heureux résultats il faut avoir les riches pâturages dont jouit cette contrée privilégiée. Je ne prétends pas dire par là qu'en dehors de cette province, on ne puisse pratiquer avec avantage l'engraissement, vous pourrez également engraisser vos bêtes dans la contrée que vous habitez, seulement il faudra travailler et soigner vos prairies aussi bien que le font les cultivateurs normands et flamands.

Nous parlions de l'engraissement à l'étable, il peut en effet parfaitement s'y pratiquer, seulement l'engraissement sera plus dispendieux, mais en revanche vous serez dédommagé par le fumier que vos bêtes y laisseront. Avant de mettre à l'engraissement vos bêtes ayez soin de les maintenir dans une excessive propreté et de veiller à ce qu'on leur donne à l'étable une ration convenable; la distribution de leur nourriture sera faite régulièrement; les fourrages devront toujours être hachés, et les racines émincées.

Il sera bon aussi de faire entrer dans leur ration journalière de 80 à 100 grammes de sel, ce condiment contribue beaucoup à l'engraissement.

La consommation journalière de chaque bête dépend de la grosseur de l'animal, de son tempérament et de l'espèce d'aliment dont se composent les rations; tous les éleveurs s'accordent à dire que l'engraissement se fait d'une manière parfaite, en donnant à la bête une ration de 4 à 5 pour % de son poids vif, en bon foin ou l'équivalent en autres aliments, il ne vous restera donc qu'à peser l'animal et à vous régler en conséquence.

Beaucoup de personnes prétendent qu'il faut sai-

gner une bête pendant l'engraissement, cette précaution pourrait avoir sa raison d'être, aussi ne feriez-vous
pas mal d'avoir quelques notions de la médecine vétérinaire, pour que dans un cas d'accident causé par le
sang ou la météorisation, vous puissiez venir en aide
à la bête malade en attendant l'arrivée du vétérinaire.

Le Commençant. — Qu'appelez-vous météorisation et comment la reconnaît-on ?

MÉTÉORISATION.

L'Agriculteur. — Lorsque les moutons ou les
bœufs quittent le matin les étables et les bergeries,
pour aller aux pâturages, veillez à ce qu'ils aient consommé avant de sortir une ration de fourrage sec,
sans cette précaution vous vous exposeriez à avoir vos
troupeaux météorisés, et voici pourquoi : Vos troupeaux affamés se jetteront naturellement avec avidité
sur les pacages, et pour peu que l'herbe recèle encore
quelques gouttes de rosée et que cette herbe soit de la
luzerne, du trèfle ou du sainfoin, vous aurez infailli-
blement la météorisation dans vos troupeaux, ce que
vous reconnaîtrez au gonflement du ventre et du flanc;
la bête devient triste et marche la tête basse, le plus
souvent elle se couche, et si vous ne lui portez pas secours vous la perdez en peu d'heures; il sera donc
toujours prudent d'avoir des médicaments à l'usage
des fermes, soit pour les maladies de votre personnel,

soit pour vos bestiaux. Dans le cas de météorisation, prenez 25 gouttes d'ammoniaque que vous mélangerez à un peu d'eau, faites avaler à la bête ce breuvage, cette médication a la propriété d'expulser les gaz qui ont déterminé *l'enflure*, et le plus souvent par ce remède si simple vous maîtrisez le mal. Il pourrait arriver que tout le troupeau fût météorisé, impossible de secourir des centaines de bêtes à la fois; dans ce cas le meilleur moyen à employer est de faire sauter à l'eau votre troupeau; si cela ne réussissait pas, il vous resterait le moyen de la ponction qui d'ordinaire est efficace, mais pour la pratiquer, je vous le répète, il serait nécessaire que vous eussiez acquis un peu d'expérience et que vous eussiez demandé les conseils d'un vétérinaire. Vous avez souvent dans les campagnes des paysans, qui prétendent avoir les capacités nécessaires, ils administrent des remèdes souvent aussi violents qu'inintelligents, prenez garde de vous confier à eux, leurs remèdes sont empiriques, parce qu'ils ne reposent pas sur les connaissances acquises par une expérience sage et éclairée comme celle que possède le vétérinaire.

Le paysan vétérinaire a la sotte prétention de savoir tout faire, et la plupart du temps il ne sait que détruire. La loi ne saurait trop punir ceux qui exercent illégalement la médecine vétérinaire.

L'agriculture y gagnerait beaucoup, et d'honnêtes

pères de familles qui sacrifient et leur temps et leur argent pour obtenir un diplôme pourraient exercer leur art avec un certain fruit tout en rendant à l'agriculture d'importants services. Par ce moyen l'amélioration des races se ferait avec plus de facilité non-seulement chez le riche éleveur, celui-là habituellement est un homme qui s'entoure de toutes les précautions, mais aussi chez l'humble cultivateur; il arrive parfois à ce dernier d'avoir le bonheur de posséder un sujet de bonne race et sur lequel il a fondé toutes ses espérances; mais sans qu'il s'y attende une cause imprévue rend la bête malade, dans la crainte de dépenser quelques francs pour demander le vétérinaire, il appelle à lui l'empirique de la campagne voisine; hélas ! la bête meurt; on demande à ce soi-disant savant le pourquoi, il vous répond, *j'avions fait ce que j'avions pu*, c'est quale était trop tard, quand vous eûtes venu ma *sarcher*. Non, mon brave homme, il ne s'agit pas de faire ce que *j'avions pu*; il faut savoir ce que l'on fait et ne pas tromper par votre soi-disant savoir d'honnêtes laboureurs; votre sotte sagesse a peut-être ruiné une famille laborieuse. Arrière donc charlatans des villes et des campagnes, honneur à la science et aux gens accrédités, qui méritent par une vie consacrée à l'étude toute notre confiance !

MOUTONS.

L'Agriculteur. — Une des branches les plus importantes d'une exploitation agricole est l'élève des moutons, surtout si vous avez le bonheur de vous trouver dans un pays salubre, vos moutons alors prospéreront sans craindre les terribles épizooties, qui, lorsqu'elles s'emparent des bergeries, les dévastent sans merci.

Les soins les plus empressés et les plus éclairés deviennent impuissants devant le fléau dévastateur. Quant au piétain, et à la météorisation, et même à la cachexie aqueuse, si vous avez un berger intelligent il préviendra par ses soins toutes ces maladies.

Ne vous laissez donc pas effrayer par tous ceux qui vous diront : vous courrez le risque de perdre d'un moment à l'autre vos troupeaux, cette pusillanimité, si elle s'emparait de votre esprit, vous enlèverait assurément une des plus grandes ressources de votre exploitation, ressources aussi certaines et plus productives que celles des céréales ; en deux ou trois mois vous pouvez renouveler le capital employé pour l'achat de vos moutons, tandis qu'il vous faut attendre un an pour réaliser celui employé pour les céréales ; si les troupeaux sont menacés de maladies, les céréales et les autres plantes ne sont-elles pas sujettes à de nombreux inconvénients ? Oubliez-vous les agents destruc-

teurs qui sont innombrables et contre lesquels vous ne
pouvez pas garantir vos récoltes? Vous voyez donc
que l'élève des moutons, malgré tous les fantômes dont
on pourrait entourer votre jeune expérience, est de
beaucoup plus convenable et avantageuse dans une
exploitation que ne le seraient les céréales. Je n'énu-
mère pas les avantages que vous trouverez en faisant
consommer vos fourrages par vos moutons, avantages qui se traduiront dans un très-court espace de
temps en produits tels que, laine, viande, en un fumier
excellent et des plus actifs; or je le répète, avec une
première mise de fonds peu considérable, vous réaliserez des bénéfices qu'il vous sera impossible d'obtenir
dans n'importe quelle autre branche de votre exploitation, même avec le double de sacrifices, surtout au
prix si peu rémunérateur qui frappe aujourd'hui les
blés.

Le Commençant. — Je vois les immenses avantages que vous me signalez, mais puisqu'ils sont si
grands, tout le monde pourrait faire des élèves de
bestiaux?

L'Agriculteur. — Tout le monde ne peut pas élever des moutons. Un fermier qui se trouve dans des
contrées marécageuses et malsaines pourra se garantir des maladies signalées plus haut, mais il sera exposé, bien plus exposé que vous aux autres fléaux;
vous avez l'avantage d'habiter un pays sain, pro-

fitez-en en élevant des moutons; d'ailleurs là ne réside pas seulement la difficulté, elle existe surtout dans l'esprit de la plupart des petits fermiers; il vous sera difficile de les convaincre que les fourrages récoltés dans une propriété seront largement restitués à cette terre sous la forme d'agents puissants tels que le fumier. En dehors de cela, le bénéfice est autrement important par la vente de vos laines et de la viande, que par la vente de vos fourrages; celui qui marche dans cette voie ignorante est dans l'erreur, et la prospérité qui aurait pu frapper à sa porte et lui accorder ses faveurs, fuira à tout jamais le domaine de cet esprit étroit et borné. Une autre difficulté se présente pour empêcher beaucoup de monde de faire des élèves, c'est parce qu'il faut semer des pâturages, préparer des prairies artificielles, des plantes fourragères, tout cela demande une sage direction, une culture assez soignée sans être trop dispendieuse; cette terre, destinée à la prairie artificielle, lui sera consacrée pendant plusieurs années, donc moins de blé, moins d'avoine, cette dernière surtout étant plus rustique, selon le petit cultivateur, demande à être moins fumée, à ne pas l'être du tout même. Ce qui lui convient, cela coûte si peu, il se met à l'œuvre, il gratte la terre avec de méchants instruments dans des sables souvent infestés de mauvaises herbes, et il est très-étonné à la moisson de voir que ses terres donnent un triste pro-

duit; et vous entendez alors tous ces mauvais cultivateurs vous dire en chœur : On paie trop cher de ferme,
impossible de s'en tirer. Je crois bien, de la manière
dont vous vous y prenez; mais que les propriétaires,
les hommes actifs, aisés et intelligents, prennent eux-
mêmes, pour donner l'exemple, la charrue et vous verrez que la propriété vous rapportera beaucoup plus
que des valeurs industrielles, valeurs qui amènent
souvent de funestes ruines dans les familles. La propriété menée par des hommes intelligents reprendra
sa valeur, et on verra avec bonheur le fils soigner le
manoir, la ferme ou la chaumière que lui a laissé son
père.

Ne quittez donc pas les champs pour les villes : car
les plaisirs ou les bénéfices qui vous y attendent sont
futiles et sans fruits et n'amènent trop souvent après
eux que ruines et déceptions.

La propriété rurale reprendrait alors sa valeur et l'on
pourrait espérer lui voir reprendre le rang qu'elle a
perdu de nos jours, lorsque le grand et l'honnête
Sully disait : L'agriculture est la mamelle de la France.
Cet homme illustre prouvait par ces paroles combien il
aimait son pays, et tout le prix qu'il attachait à sa
prospérité. Trois fois, honneur à toi, grand homme,
qui présidas et encourageas tous les succès agricoles
de ton temps. Il y a encore en France des cœurs recon-
naissants et qui te bénissent. Il n'y a que les cultiva-

teurs intelligents qui aient le courage et la patience
avant de voguer en pleine mer, où ils auront des tem-
pêtes et des orages à surmonter, de se lester convenablement, et de s'assurer du bon état de leur vaisseau,
c'est là que guidés par la boussole, nochers ou timo-
niers, prudents et fermes, ils conduiront en bravant
les éléments terribles de l'imprévu, leur esquif ou leur
vaisseau au port de l'opulence quelquefois, tout au
moins, à celui de l'aisance.

Maintenant que vous connaissez la nécessité d'avoir
des troupeaux de moutons, de créer chez vous pour les
nourrir des pâturages abondants, nous allons nous occuper du choix à faire, de la manière de les élever et
des moyens à adopter.

RACES OVINES.

L'Agriculteur. — Le Berry, produit des moutons
d'excellente qualité; leur taille est moyenne, ils donnent des toisons de 2 et 3 kilogrammes; leur tempérament est rustique, ils s'accommodent, au besoin, d'une nourriture commune que d'autres races
plus exigeantes refuseraient. Voici un exemple de
leur remarquable sobriété. En prenant possession
de ma ferme, je fus obligé d'accepter les troupeaux
du fermier sortant. Ces troupeaux étaient dans un
état de dépérissement complet; de mon côté je man-
quais de fourrages, mais il me restait un peu de

paille, je résolus de faire une expérience décisive : je prescrivis à mon berger de distribuer à mon troupeau les rations journalières de la manière suivante : Le troupeau allait aux champs dans la journée; le soir, en rentrant, et le matin, avant de sortir des bergeries, on lui distribuait de la paille hachée : cette paille était déposée dans des auges au-dessous des râteliers. On prenait ensuite quelques litres de son ou d'avoine bien concassée que l'on mélangeait avec du sel égrugé et un peu d'eau. On saupoudrait de ce mélange la paille hachée, en ayant soin de la retourner dans tous les sens pour que le mélange fût aussi complet que possible; les moutons, qui ne voulaient pas de la paille seule, se jetaient avec avidité sur cette préparation avec laquelle je les entretins dans un état convenable; plus tard, lorsque je fis la récolte de mes plantes sarclées, je fis administrer chaque jour 1 kilogramme de betteraves par tête et je continuai pour la nourriture le même mode de préparation indiqué plus haut, sans empêcher le troupeau d'aller aux champs lorsque le temps le permettait.

Par ce procédé si simple et si peu dispendieux, mon troupeau devint, en moins de deux mois, assez gras pour me permettre de vendre 32 à 35 francs des produits qui m'avaient coûté d'achat de 18 à 20 francs. J'avais également des agneaux de rebut, rachitiques et malades, quatre mois après ils devinrent assez beaux, et ce que j'avais payé 4 et 6 francs la paire je le vendais 16 francs.

Il est vrai que mes bergeries étaient bien aérées et tenues dans un bon état de propreté, régulièrement tous les mois on passait le lait de chaux sur les murs et les pavés des bergeries; l'eau, avec laquelle on abreuvait les moutons, était toujours claire et tirée dès le matin, on la laissait dans le réservoir toute la journée pour en enlever la crudité qui eût été nuisible aux bestiaux, on ne donnait donc aux troupeaux que de l'eau tirée de la veille. Dans la plupart des petites fermes il y a une mare d'eau stagnante et bourbeuse où descendent souvent les purins des fumiers, et où barbottent les canards, c'est là qu'ordinairement le paysan fait boire ses vaches, ses chevaux et son troupeau, cette triste habitude est trop répandue malheureusement; il m'est arrivé d'acheter des chevaux à la foire, le soir on les menait à l'abreuvoir, ils ne voulaient pas y boire, on leur présentait dans une seille, même refus, le lendemain je fus obligé de les laisser aller dans une mare voisine et là ils s'abreuvèrent avec avidité, je ne pus leur faire perdre cette habitude peu salutaire et malpropre qu'à la longue.

Les moutons flandrins sont très-beaux, mais ils demandent beaucoup de soins et beaucoup de nourriture, vous ne sauriez les élever que dans de riches pâturages; il en est de même des moutons picards dont la laine est très-longue. La fécondité des brebis de la race picarde est exceptionnelle, leur portée est souvent double et quelquefois triple; une autre qualité qui distingue cette race est celle de pouvoir nourrir facilement la triple portée qui vient de naître.

C'est l'Espagne qui nous a fourni la race dite Mérinos, sa riche toison la place au premier rang, sa laine frisée est la plus fine et la plus soyeuse de toutes, mais sa viande est de beaucoup inférieure à celle des moutons du Berry et même des moutons des Ardennes dont le goût exquis rappelle la viande de chevreuil : le mouton des Ardennes, très-petit de taille, est également sobre et rustique.

Cherchez l'amélioration de votre race dans le croisement des plus beaux sujets, vous parviendrez aussi à obtenir, avec des sujets ordinaires, mais choisis, une race telle que celle de M. Malingier, qui peut occuper avec honneur le premier rang parmi les races ovines françaises.

Pour reconnaître si les moutons sont malades, vous ne sauriez le faire avant d'avoir acquis vous-même une certaine expérience, aussi serait-il prudent de vous faire accompagner dans vos achats par le vétérinaire, ou tout au moins par un ancien cultivateur, il y en a qui exercent le métier d'expert. Au bout de quelques opérations vous aurez acquis le savoir nécessaire pour pouvoir agir seul.

MULTIPLICATION

L'Agriculteur. — Le choix des béliers mérite toute votre attention. Un bon bélier a l'œil vif et brillant, l'encolure robuste; deux ou trois béliers seront suffisants pour cent brebis, et vous aurez soin de ne pas les employer avant qu'ils n'aient atteint l'âge de dix-huit à vingt mois.

GESTATION.

La brebis porte cinq mois et quelques jours; pendant la durée de la gestation vous aurez soin de lui donner une ration plus substantielle, de manière à l'entretenir en bon état sans toutefois l'engraisser. Pour éviter les avortements chez vos brebis, exigez que le berger, en les rentrant dans les bergeries, ne les fasse entrer que les unes après les autres; pour cela vous ferez mettre une ou deux personnes près de la porte de la bergerie, et lorsque les brebis s'avanceront et se presseront entre elles pour entrer précipitamment et en foule, laissez passer la première, retenez celle qui est immédiatement après en appuyant la main sur le dos, ou sur la tête, ou sur la poitrine, ou par les jarrets, mais évitez de les saisir brusquement par la laine, vous vous exposeriez à leur faire ainsi beaucoup de mal par ce procédé brutal, et vous ne seriez pas étonné de voir au bout de quelque temps des bêtes malades, perdant leurs laines, ayant les jambes cassées ou les chairs déchirées et dépérissant rapidement; n'attribuez pas à d'autres causes le mal qui n'est que le résultat de votre brusquerie. Vous éviterez également les avortements en ayant soin d'éviter toute cause d'effroi à vos brebis, rentrez-les aux approches des orages, n'excitez pas contre elles vos chiens, évitez de les mener trop près des pâturages des céréales, vous aurez moins d'occasion de ramener votre troupeau.

Si vous destiniez vos agneaux pour la boucherie, arrangez-vous de manière à employer vos béliers pour qu'en septembre vous ayez vos agneaux, ils seront bons à livrer en décembre, et vous en obtiendrez un bon prix. Maintenant, si vous vouliez faire l'élève des agneaux, l'époque la plus favorable serait celle où les agneaux naîtraient au mois d'avril et de mai.

Nous avons parlé de la prodigieuse fécondité des brebis picardes, mais cela est exceptionnel; la brebis communément ne donne qu'un agneau, et encore faut-il réduire sur cent agneaux un dixième au moins que l'on perd par des cas fortuits. Lorsque la brebis est prête à mettre bas, vous remarquerez quelques jours avant qu'elle ne mette bas le gonflement des pis. Si le part devenait difficile, le berger pourrait l'aider en lui donnant un peu de vin mélangé avec de l'eau, ou un peu de son avec une pincée de sel, cela lui donnerait du ton. Après le part on lui prépare des racines fourragères coupées en tranches fines, un peu d'eau blanchie tiède, ce régime durera quelques jours, après quoi vous la nourrirez comme d'habitude, la mère aura, par les quelques soins que vous lui aurez donnés, assez de force et de lait pour nourrir un agneau.

TONTE DES MOUTONS

L'Agriculteur. — Le temps constamment chaud ne se manifeste en France que dans le courant de juin, aussi ne feriez-vous pas mal de ne commencer à tondre vos moutons que dans la dernière quinzaine de ce mois.

Pour savoir quel est le nombre de tondeurs qu'il vous faudra pour votre troupeau, vous pouvez calculer qu'un bon ouvrier peut dépouiller de vingt à vingt-deux bêtes.

Lorsque la tonte se fait, il arrive parfois que les tondeurs sans le vouloir font des entailles dans la peau des moutons, munissez-vous alors de noir de fumée, et mettez-en une prise sur chaque coupure, cela empêchera les mouches d'y déposer les œufs, qui engendreraient la vermine; si la blessure passe inaperçue et que vous n'ayez pas pu soigner la bête malade, la gangrène se manifestera et vous la perdrez; il est donc très-nécessaire d'examiner tous les jours votre troupeau et, lorsque vous trouverez des vers dans les blessures, vous prendrez de l'essence de térébenthine ou mieux du phénol sodique, vous en mettrez quelques gouttes dans la partie malade en ayant soin d'enlever les insectes, vous remettrez par-dessus un peu de camphre en poudre et vous répéterez jusqu'à la guérison les mêmes soins.

AGE, DENTITION,

L'Agriculteur. — A l'âge de dix-huit mois, les moutons perdant leurs dents de lait, elles se rasent d'une manière peu régulière; à l'âge de deux ans les premières mitoyennes sont remplacées, de trois à quatre ans les secondes mitoyennes sont remplacées, les dents garnissent entièrement la mâchoire, après cinq ans, on ne connaît plus l'âge des moutons.

PORCS.

Dans une exploitation on a l'habitude de donner deux ou trois fois par semaine de la viande; pour subvenir à cette consommation il est nécessaire d'élever quelques porcs; les débris de vos légumes, les eaux grasses et un peu de son et de farineux seront suffisants pour les rendre en bon état. Vous en tirerez parti selon vos besoins, et ferez saler la viande qui vous sera d'un grand secours pour la nourriture de vos hommes. Les meilleures races, pour cet usage, sont la race craonnaise, la normande, et mieux les croisements de ces races avec une des races anglaises, principalement la race Berkshire.

BASSE-COUR.

Le produit des poules est controversé : les uns le vantent comme donnant des bénéfices énormes, d'autres prétendent qu'on ne réalise rien parce que la nourriture de la volaille est trop chère. En cela je pense que les uns et les autres sont trop éloignés de la vérité et que l'on peut, avec des dépenses peu importantes, réaliser des bénéfices très-raisonnables : ainsi le fermier ou le cultivateur dépensera fort peu en affectant quelques ares de terre à la production du blé noir ou de maïs; lorsqu'il fera le battage de ses grains il pourra mettre de côté les déchets, les pelures de pommes de terre, les débris de carottes et betteraves cuites, avec cela il pourra nourrir ses volailles convenablement.

Une chose qui vous sera très-utile pour la nourriture des volailles, sera de pratiquer une fosse à vers. A cet effet prenez de la paille hachée, pratiquez une ouverture de quelques centimètres, mettez une couche de paille et une couche de terre superposées les unes sur les autres dans la même fosse, arrosez avec le purin, couvrez de fumier pailleux et par des bourrées; au bout de deux mois environ, découvrez votre fosse, il y aura une infinité de vers qui serviront d'aliment, soit

le matin, soit à midi à vos volailles, vous aurez soin
de recouvrir la fosse après le repas et de ne pas l'a-
bandonner en une seule journée aux volailles.

Vous voyez que les dépenses ne sont pas énormes,
il s'en faut déjà, pour nourrir des volailles, et le revenu
de leurs produits sera très-satisfaisant en œufs et en
poulets que vous pourrez vendre. Vous pourrez avoir
des dindons, des oies et des canards qui vous dédom-
mageront également de vos peines et des quelques
frais occasionnés pour leur nourriture qui doit être
conforme à celle des poules.

Le Commençant. — Je suivrai ponctuellement
vos indications, quant aux animaux. Voudriez-vous me
continuer votre bienveillance et m'instruire sur la manière de cultiver les champs?

L'Agriculteur. — Mes avis seuls ne seront jamais
suffisants pour vous guider. *Tolle, lege,* disait saint
Paul, lisez, relisez sans cesse, les ouvrages des plus
savants et des plus illustres agronomes, eux seuls vous
traceront un chemin sûr; quant à moi, humble mais
fidèle et courageuse sentinelle, je ne ferai que vous
avertir et vous donner quelques indications sur les difficultés premières que tout homme rencontre en vou-
lant entreprendre la vie agricole, et puisque vous
voulez bien m'accorder votre attention, nous parcour-
rons ensemble rapidement le domaine des nécessités
qu'exige la culture de la terre. A l'exemple de plusieurs

de nos illustres devanciers tels que Matthieu de Dombasle et Barral, nous diviserons en douze étapes notre voyage ou marche, une étape par mois; nous la ferons rapidement. Commençons par le mois de janvier.

TROISIÈME ENTRETIEN

—

MOIS DE JANVIER

CLOCHE.

Avant de commencer notre première étude sur la culture, j'omettais de vous parler d'une chose très-essentielle. Vous ferez suspendre dans la cour une cloche, ce sera pour vos hommes le meilleur réveil-matin, pour partir avec ensemble au travail, aux heures que vous avez fixées.

COMPTABILITÉ.

L'homme du monde ne connait pas la tenue des livres, ni en partie simple ni en partie double, bien que cette connaissance ne soit pas difficile à acquérir; on n'a pas sous la main au moment de prendre une ferme un maître pour vous l'enseigner, et le plus souvent le

5

cultivateur étant trop éloigné de la ville ne peut et ne veut pas s'astreindre à faire un cours de tenue commerciale : voici donc ce que j'ai fait.

TENUE DES LIVRES.

J'ai acheté un agenda sur lequel j'inscrivais toutes les opérations de la journée, j'inscrivais ensuite sur un grand livre ces mêmes opérations en ayant soin d'affecter une partie à chaque classe de domestiques, d'ouvriers, de fournisseurs, etc... Je désignais les sommes versées pour tel ou tel ouvrage, je consignais également les sommes reçues résultant du produit de la propriété. J'indiquais la durée de l'engagement des domestiques et le prix qui leur était alloué ! Je copiais mes lettres sur un livre destiné à cet objet, j'avais un livre d'entrée et de sortie où tout ce que je vendais et réalisais était inscrit; de cette façon je me rendais compte régulièrement à chaque fin de mois de ma position.

PLAN DE LA PROPRIÉTÉ.

L'Agriculteur. — Que vous suiviez la rotation pour vos assolements sous la forme alterne ou triennale, une chose essentielle sera celle de vous munir d'un plan de l'exploitation sur lequel toutes les parcelles porteront un numéro; avec ce plan et le tableau numéroté qui en dériv e, il sera facile de vous rendre compte d opérations faites, et vous ne serez pas exposé à semer deux fois dans la même terre des plantes antipathiques l'une à l'autre.

PERSONNEL.

L'Agriculteur. — Le choix de vos valets se fera conformément aux usages reçus dans le pays. Dans plusieurs contrées à des moments donnés de l'année on établit des loues ou marchés, vous fixerez les prix à payer selon l'usage de la localité. Les marchés présentent un aspect très-animé : les charretiers, toucheurs, se présentent au marché avec leurs fouets suspendus autour de leur cou ; les bergers avec leur houlette et leur chien ; les bergères avec le bouquet de fleurs traditionnel. Vous débattez le prix, après vous donnez aux personnes que vous louez, les arrhes et le marché est conclu ; dans le cas où l'un des domestiques arrêté vous ferait défaut, vous êtes en droit de lui réclamer le double des arrhes donnése.

La neige, les glaces, la pluie, règnent en France, pendant le mois de janvier, cependant il peut survenir des jours où le temps, sans être bon, peut être moins mauvais et vous permette de travailler encore à vos labours d'hiver que vous n'avez pas pu finir en novembre et en décembre. Ce mois donc sera consacré principalement à la conduite de vos fumiers, à la conduite des pierres pour empierrer vos chemins, sa-

bler votre cour; il faut aussi visiter vos sillons d'é-
coulement, particulièrement après la fonte des neiges,
faire curer et entretenir vos clôtures. Visiter et répa-
rer vos instruments aratoires; lorsque vos gens ne
pourront pas aller aux champs vous pourrez leur faire
botteler le reste de votre foin et de votre paille.

POTAGER.

Pour parer à la grande consommation de légumes
qui se fait dans la ferme, préparez à la charrue une
certaine quantité de terrains qui sera consacrée aux
plantes légumineuses; vous y placerez une clôture afin
que les volailles ne puissent y pénétrer; les produits
que votre jardin donneront seront précieux pour votre
domaine, ayez toujours sous la main tout ce qui cons-
titue la nourriture de votre personnel.

CULTURE FORESTIÈRE.

Si parmi vos terres vous en avez de mauvaise qualité dont vous n'espérez pas tirer bon parti par la
culture, vous ferez bien de convertir en bois une plantation de pins mélangés de chênes ou de châtaigniers,
ou même des bouleaux qui dans les terres les plus sili-
ceuses donnent un produit certain, tandis que la culture
active dans de semblables terres laisse toujours de la
perte.

Dans les terres de meilleure qualité sur les coteaux

ou les plateaux vous pourrez, pendant ce mois, semer le chêne commun, le hêtre, le charme et le châtaignier, vous obtiendrez un bon bois taillis, si le terrain dans lequel vous semez n'est ni trop sec, ni trop aride. Dans ce cas ne semez, comme je vous l'ai déjà conseillé, que le bouleau, le pin sylvestre, le pin maritime et le sapin commun, avec ses variétés vous pourrez former une sapinière qui vous dédommagera amplement de vos frais, on peut semer à la volée et ne pas transplanter. Cependant vous pourriez avoir une pépinière pour remplacer les vides qui pourraient se faire dans votre plantation.

MOIS DE FÉVRIER

L'Agriculteur. — Si la température vous le permet, vous pouvez semer dès le mois de février des avoines, mais pour ces semailles le mois de mars est généralement plus propice.

Le Commençant. — Pour que je puisse faire mes provisions, puisque nous ne sommes que dans les premiers jours de février, voudriez-vous m'indiquer quelles seraient les qualités d'avoines qui conviendraient le mieux à mes terres?

L'Agriculteur. — Il nous faudrait une trop longue étude pour répondre à votre demande, mais esquissons à nous deux les premiers traits qui pourront nous initier sommairement dans nos recherches.

Vous avez, je crois, le 6e de votre terre qui offre l'aspect d'un sable presqu'aride, vous ne pouvez dans un pareil terrain qu'y semer principalement des topinambours, du blé noir ou sarrasin, vous pouvez tenter la pomme de terre, les haricots, mais avec les engrais nécessaires, le seigle aurait plus de chance de vous dédommager dans de pareilles conditions.

Vous avez également une partie de votre terre où le sable et notamment la glaise dominent, vous pouvez dans ce cas essayer des semailles de seigle, de l'orge, du froment, voir même du trèfle et du colza, mais il faut un engrais bien suffisant pour obtenir un bon résultat. Vous vous abstiendrez de semer ces graines dans les sols tourbeux ou les terrains vaseux, vous vous exposeriez à voir verser vos grains; il faut adapter de pareils terrains aux prairies naturelles, elles seront d'un excellent rapport dès la deuxième année de leur culture.

Mais la partie la plus considérable de votre domaine se compose de terre argilo-calcaire ayant beaucoup de fond. Dans cette terre vous pourrez cultiver la carotte, la betterave, semer ensuite le froment, la grande orge, la vesce, la luzerne, le trèfle, etc., avec l'engrais convenable vous obtiendrez de chacun de ces produits une très-bonne récolte.

J'oubliais de vous dire que sur le versant méridional vous avez une portion de terre de nature rocailleuse,

qui conviendrait parfaitement à la vigne, d'autant plus
qu'elle se trouve située sur un des points les plus élevés de votre propriété. Un peu plus loin sur une autre
petite élévation, j'ai remarqué également quelques
hectares de terre dont le sol est d'alluvion, mais de
nature légère! L'avoine et l'orge pourront réussir dans
ce terrain, mais comme votre intention est d'engraisser
et d'élever des bestiaux, vous feriez bien, après en avoir
retiré une récolte des grains précités, d'y semer de la
spergule, de la minette ou du sainfoin. Vous vous pro-
curerez de cette façon des pâturages précieux pour vos
troupeaux : voilà en résumé ce que vous pouvez semer
dans votre propriété, mon jeune ami, vous me deman-
diez tout à l'heure les variétés à choisir parmi les
avoines. Ces avoines généralement qu'on nomme avoines de printemps, pour les distinguer des avoines
d'hiver, sont de plusieurs espèces. Nous commence-
rons d'abord par l'avoine de Hongrie, dont la paille et
le grain sont très-productifs, l'avoine noire de Brie, également très-productive en paille, le grain de cette variété est très-beau et très-lourd et comme aujourd'hui
on vend les avoines au poids, elle me paraît devoir
appeler toute votre attention.

Je vous signalerai comme présentant les mêmes
avantages l'avoine patate, seulement on prétend qu'elle
est sujette à prendre le charbon. J'ai fait l'essai de
cette variété, j'ai été excessivement satisfait de son

rapport et de ses qualités commerciales, les deux autres variétés se vendent également très-bien. On vous parlera de l'avoine jaune, rousse et grise, leur résultat ne m'a pas paru aussi satisfaisant que celui des variétés précédentes.

Toutefois vous pourriez, à titre d'essai, en semer sur une petite étendue.

Le Commençant. — Quelle quantité faudrait-il semer par hectare ?

L'Agriculteur. — Deux hectolitres ne seraient pas suffisants, mais en ajoutant 50 litres de plus, vos semailles seront convenablement faites; vous pourrez semer 3 hectolitres dans les terres fortes, elles le supporteront facilement et le rendement n'en sera que plus considérable et plus assuré. Il faut semer autant que possible sur un labour récent, excepté dans les sols qui ont besoin d'un certain temps pour se rasseoir; dans ceux-là, il faudra laisser s'écouler un intervalle de deux ou trois semaines avant de semer.

Si le temps le permet, vous pourrez semer des avoines dans le courant de février, tout le mois de mars et jusqu'au 10 avril, seulement le mois de mars est généralement choisi pour les bonnes semailles. Lorsque vous avez semé vos avoines, vous les hersez en long, en large et en travers, par ce moyen elles seront suffisamment enterrées.

Plusieurs cultivateurs sèment le sainfoin après l'avoine ou bien encore du ray-gras anglais ou d'Italie qu'ils destinent à être fauchés si la récolte est abondante, à défaut ils les abandonnent en pâturages à leurs troupeaux ; je suis partisan de ce système, j'ai eu occasion de me louer de ce procédé, j'avais d'assez riches pâturages, mes troupeaux s'entretenaient et profitaient à merveille, aux foires d'Été et d'Automne, je les vendais très-avantageusement et je me trouvais bien récompensé de la petite avance que j'avais faite à la terre de ces graminées.

On peut semer le blé de printemps dans le mois de février, mais réservons-nous d'en parler au mois de mars, époque à laquelle la semaille de blé doit se faire de préférence.

Vous sèmerez les féveroles en lignes plutôt qu'à la volée, vous vous servirez des féveroles pour vos bestiaux, cette nourriture leur est très-agréable et vous servira comme moyen puissant pour les engraisser.

VIGNE.

Vous pourrez continuer à labourer les vignes, vous veillerez à ce que les pieds de vigne manquant soient remplacés ; surtout ne la coupez pas lorsqu'il gèle, toutefois arrangez-vous de manière à ce qu'elle soit taillée au plus tard vers la fin du mois de février.

ÉCHENILLAGE.

Une chose essentielle, est de faire écheniller pendant ce mois votre verger, vous vous assurerez ainsi contre les dévastations des chenilles, insectes si nuisibles. Puisque nous parlons de verger, à l'exception des fruits à noyau dont la taille ne doit se faire qu'en mars, taillez dans ce mois tous les arbres à pépins.

POTAGER.

Vous semez dans le potager en pépinière les laitues romaines, les choux de Milan, les poireaux; vous pouvez planter en lignes des oignons, des échalotes et de l'oseille en bordure pour protéger ou faire la séparation des planches semées de différents légumes.

Vous pouvez continuer pendant tout le mois de février la culture des arbres forestiers, comme il est dit au mois de janvier.

MOIS DE MARS

L'Agriculteur. — Nous voici au mois de mars, les jours sont un peu plus longs, le temps commence à devenir moins mauvais; il vous sera permis de faire travailler plus longtemps vos attelages : affectez sans relâche vos bœufs et vos chevaux à la charrue, c'est

le moment des petites semailles, ainsi qu'on dit vulgairement, à moins que vous ne soyez forcé de fumer
les espaces de terre destinés à la culture des racines
fourragères, délaissez tout charroyage de fumier ou
autre, la charrue et la herse doivent toujours marcher.

Nous avons parlé, dans le mois de février, du choix
à faire dans les avoines, nous parlerons aussi du froment, qu'il est convenable de semer dans le mois de
mars, et même le plus tôt possible.

Il arrive souvent qu'aux semailles d'automne, par
un empêchement quelconque, vous n'avez pas pu ensemencer la quantité de terre que vous destiniez à votre
rotation d'usage, dans ce cas vous serez obligé de
compléter ce vide dans le courant du mois de mars.

BLÉS.

Vous devez vous être précautionné de vos semences,
car il serait trop tard d'y songer en ce moment, et
vous courriez risque de ne pas trouver ce que vous
désirez.

Pour la variété des blés de printemps vous pourriez
essayer le blé bleu de l'île de Noé, celui de Saumur,
celui du Cap. Leur rendement en grain et en paille est
très-satisfaisant, ces blés sont sans barbes. Parmi les
blés barbus on compte, les blés victoria d'automne et
les blés de mai, ils méritent d'être essayés.

Dans les terrains où la couche de terre végétale est

peu profonde et peu fertile, vous pourriez semer le blé dur appelé le Trimenia de Sicile, et l'amidonnier blanc qui appartient à la variété des blés vêtus.

La quantité à semer par hectare sera de 200 à 300 litres, en cela vous vous réglerez selon la fertilité de vos terres, mais dans tous les cas 2 hectolitres $^{1}/_{2}$ sont la moyenne établie pour la semaille de printemps.

RACINES FOURRAGÈRES.

L'Agriculteur. — Une des choses les plus importantes à cultiver dans votre exploitation seront les racines fourragères, telles que les carottes, betteraves, pommes de terre et topinambours, parlons d'abord des premières et nous suivrons ensuite par ordre.

CAROTTES.

La carotte, qui est d'un très-grand rapport dans les terres légères bien fumées, vous servira en partie à alimenter vos chevaux, et le jeune troupeau; si vous êtes richement pourvu de cette racine, elle remplacera en bonne partie l'avoine, qui est aujourd'hui très-chère et dont on peut tirer bon parti par la vente; l'avantage indiqué n'est pas le seul, lorsqu'on cultive ces racines fourragères, il en résulte un autre, celui de bien nettoyer ses terres, de donner le temps au fumier d'infiltrer ses sels fertilisants dans la terre qui sera dans un état plus convenable, pour recevoir à l'automne les blés que vous y sèmerez, car le fumier sortant des écuries convient moins au blé qu'à toute autre graine.

Vous pouvez semer les carottes à partir du 15 mars, jusqu'à la fin d'avril et même jusqu'au 10 mai, si la saison est un peu humide; j'en ai semé une année jusqu'au 15 mai, et j'ai obtenu des résultats satisfaisants.

Plusieurs cultivateurs sèment à la volée, au semoir ou à la main, ils sèment comme pour une bordure légère, mais pour mon compte j'ai remarqué que de cette façon on dépense le double de graines et que les frais d'éclaircissage sont beaucoup plus considérables; voici comment je procédais : je fis faire par mon ferblantier un flacon en fer de la contenance de deux litres; j'y fis appliquer un ressort à pression pareil à celui que l'on emploie pour les sacs à plomb de chasse, j'avais fait disposer le petit appareil de manière à ne laisser passer que trois ou quatre graines à la fois, ensuite après avoir tracé mes lignes espacées l'une de l'autre de 60 à 65 centimètres, je donnais le flacon à mon semeur qui pressait le ressort à des distances égales.

Une autre manière très-simple de semer les carottes, est celle de prendre une bouteille, préalablement remplie de graines persillées; à cette bouteille vous adaptez un bouchon dans lequel vous pratiquez une ouverture, de façon à pouvoir y introduire un tuyau de plume.

Le semeur suit le rayon tracé et de 12 à 15 centimètres, de distance en distance, il secoue la bouteille dont il ne tombe que quelques graines et le but est atteint.

La carotte n'aime pas à être enterrée profondément : 2 ou 3 centimètres est la profondeur voulue ; vous chargez votre semeur, après l'opération faite, de fouler le sol au moyen du rouleau, ou en le piétinant, si la surface enclavée n'est pas grande.

Mais rappelez-vous que, pour assurer la réussite de vos carottes, il faut préalablement plusieurs labours et surtout d'une profondeur de 30 à 35 centimètres ; si la terre est fertile on peut se passer de la fumer, toutefois comme on sème habituellement du froment, après une récolte sarclée, j'aime mieux fumer le semis de carottes, par ce moyen on obtient une récolte abondante sans nuire à la récolte du blé.

Trois ou quatre semaines après les avoir semées, vous les sarclez. Ne prenez pas des hommes pour ce travail, le prix de leur journée serait trop dispendieux, ils n'en feraient pas plus que des femmes, dont la journée sera moins chère de moitié ; vous emploierez la houe à cheval, toutes les fois que vous verrez que vos carottes en ont besoin.

Au bout de six à sept semaines, vous éclaircirez vos

carottes, si elles sont trop près les unes des autres.

Le Commençant. — Quelles variétés me conseillez-vous de semer? et qu'entendez-vous en parlant de persiller les carottes?

L'Agriculteur. — M. Louis Vilmorin indique plusieurs variétés de carottes, je vous signalerai les principales qui sont : la carotte blanche à collet vert et la carotte blanche des Vosges, variétés très-productives et très-estimées l'une et l'autre et de très-bonne garde; viennent ensuite la carotte rouge longue ordinaire, la carotte sauvage améliorée, la carotte rouge à collet vert, qui peuvent être essayées avec fruit.

La quantité à semer est de 3 à 4 kilog. par hectare.

Persiller les carottes, veut dire que l'ouvrier, avant de semer la graine, doit avoir soin de la frotter légèrement entre ses mains, pour adoucir la 1re enveloppe et permettre à la graine de sortir plus librement.

BETTERAVES.

La culture de la betterave demande, comme celle de la carotte, un labour profond; on sème un ou deux grains à la distance de 30 à 40 centimètres, dans les rayons ou lignes dont la largeur est de 60 à 70 centimètres, on l'enterre à 3 centimètres; quelques semaines après l'éclaircissage et le binage à bras ou avec la houe à cheval, sont nécessaires; d'ailleurs vous nettoierez votre champ de betteraves toutes les fois qu'il en aura besoin.

Quant aux variétés, je vous engagerai à semer de préférence la betterave globe jaune, ou la blanche des barres, elles sont considérées comme les plus nourrissantes.

Pour la consommation de votre maison semez de la betterave rouge écarlate.

La quantité de graines est de 3 kilogrammes lorsque vous sèmerez en lignes; il faudrait la doubler si vous semiez à la volée.

SAINFOIN.

Lorsque vous aurez semé vos avoines, vous sèmerez dans ces mêmes terres du sainfoin, qui s'accommode de terres calcaires et légères, il y a le sainfoin à une coupe et celui à deux coupes.

L'emploi de ce dernier, quoiqu'étant vendu un peu plus cher que l'autre, me paraît préférable et vous dédommagera largement par son rendement, la quantité de semences à employer est d'environ 4 à 5 $^{1}/_{2}$ hectolitres. Le hersage des sainfoins peut se faire en même temps que celui des avoines.

Il faut herser en long, en large et en travers pour que la graine soit bien enterrée.

L'année suivante, vous n'oublierez pas, au mois de mars, de herser les sainfoins que vous semez maintenant, vous appliquerez le même système à vos luzernes et à vos blés. Ce hersage a la propriété de détruire les mauvaises herbes, et en émiettant la terre de l'aérer, ne vous préoccupez pas si quelques cols de vos plantes sont déchirés ou arrachés par les dents de la herse, l'utilité de ce travail vous sera démontrée par l'abondante récolte qui le suivra, et pour vous en assurer faites l'essai suivant : Prenez un petit champ, dont vous herserez la moitié de la manière que je vous ai indiquée et ne touchez pas à l'autre moitié; au moment de la moisson, faites les essais comparatifs et vous serez convaincu que le hersage énergique est indispensable, et que ce travail vous rapportera un bon tiers de récolte de plus que si vous ne l'aviez pas exécuté.

LUZERNE.

L'Agriculteur. — La luzerne demande un sol très-meuble, riche et profond, une abondante fumure, variant de 40 à 50,000 kil. par hectare est nécessaire pour sa complète réussite ; plusieurs labours profonds sont indispensables dans vos terres argilo-calcaires, vous pouvez, en suivant le moyen que je vous indique, établir d'excellentes luzernières.

Parmi tous les fourrages, la luzerne est celui qui produit le plus, et dès que les premiers frais d'établissement sont faits, vous n'avez plus besoin de les

6

fumer, mais si vous pouvez les arroser avec du purin,
vous augmenterez beaucoup vos produits. La durée
d'une luzerne est de sept à quinze ans, cela dépend
de la qualité du terrain. Elle donne habituellement
trois coupes, et si l'année est propice, elle peut en
donner quatre.

En cultivant les prairies artificielles, vous enrichi-
rez vos terres, car le froment vient à merveille après la
culture de prairies artificielles, et vous créerez à vos
troupeaux en établissant des pâturages une abondante
nourriture, nourriture qui se traduira en riches fumiers et en beaux bénéfices que vous réaliserez par la
vente de vos troupeaux.

Vous pouvez semer votre luzerne avec des céréales
ou avec des haricots, la quantité à employer sera de 20
à 25 kilog. vous pourrez y ajouter 1 hectolitre de sainfoin.

La luzerne ne demande pas à être enterrée profondément, le hersage suffit pour cette opération. Quant
aux variétés, la luzerne de Provence mérite la préférence sur toutes les autres variétés dites luzerne du pays
et du Poitou.

TRÈFLE BLANC.

C'est aussi dans ce mois que l'on sème le trèfle blanc :
il réussit assez bien dans les terrains calcaires.

Vous sèmerez aussi le trèfle rouge et *incarnat* dans

des récoltes de grains, et vous enterrerez comme la luzerne à la herse peu profond.

LUPULINE.

L'Agriculteur. -- Dans une partie de vos terres les plus pauvres, semez 8 à 10 kilogrammes par hectare de minette ou lupuline, de la pimprenelle, et abandonnez cela en pâturages à vos troupeaux.

Autour de la ferme, semez également de la lupuline ; parfois le ciel est menaçant, vous n'osez pas envoyer paître votre troupeau au loin de crainte de l'orage, le pâturage que vous aurez sous la main vous permettra de faire sortir vos troupeaux et de leur procurer toujours le même aliment, et de les mettre à l'abri avant le mauvais temps.

Semez les vesces, les choux, les rutabagas, les panais, les graines de vos prés dans vos avoines ou menus grains.

PLATRAGE DES PRAIRIES ARTIFICIELLES.

On commence en mars et on continue en avril et même jusqu'au 15 mai à plâtrer les trèfles, sainfoins et luzernes. Pour opérer efficacement il faut attendre le moment où la plante couvre complètement la terre.

Vous pouvez vous procurer chez un marchand plâtrier du plâtre pour la culture, et avoir soin de vous

renseigner d'abord sur les prix courants, et demander
un escompte si vous payez comptant. La quantité à
employer par hectare est de 2, à 2 hectolitres et demi.

Remarquez que, pour la réussite de vos prairies artificielles, le plâtrage est indispensable. C'est aussi
pendant le mois de mars que vous sèmerez les graines
mélangées pour créer des prairies.

Avant de faire ce travail on conseille avec raison de
cultiver dans la terre destinée à la prairie nouvelle des
plantes sarclées pour bien nettoyer la terre. On sème
dans ce mois les vesces de printemps, les pois gris, les
jarrosses, le maïs et les fourrages hâtifs mélangés.

POTAGER.

Vous continuez pendant ce mois à éclater vos frai-
siers et votre oseille ; bien qu'à l'exemple de M. Dombasle, je me sois servi pour alimenter mon domaine
des carottes blanches des Vosges qui étaient excellentes, il vous serait peut-être préférable de réserver à
votre ménagère la facilité d'avoir des carottes pota-
gères hâtives ; vous sèmerez alors la carotte précoce
de Hollande. La pomme de terre est généralement la
nourriture la plus usitée dans une ferme ; on est très-
satisfait au moment où les pommes de terre d'hiver
commencent à pousser, d'en avoir de nouvelles ;
confiez à la terre des pommes de terre de Hollande
ou des jaunes rondes hâtives et vous aurez des pom-

mes de terre précoces. Semez de la chicorée sauvage, au mois de novembre, vous pourrez en transplanter sur du sable à la cave, vous obtiendrez ainsi une excellente salade pour l'hiver, qu'on appelle vulgairement barbe de capucin.

Pendant ce mois, vous achevez la taille de vos arbres, la plantation des arbres fruitiers, résineux ou à glands. Vous faites faire par votre jardinier les boutures, soit d'arbustes, soit de fleurs, pour repeupler vos massifs ou vos plates-bandes.

ATTELAGES.

L'Agriculteur. — Les jours deviennent plus longs, vos attelages devront partir le matin au point du jour, rentrer à onze heures, ils repartiront à deux heures jusqu'à la tombée de la nuit.

Comme les travaux sont plus pénibles, vous donnerez à chaque cheval s'il n'est pas de trop forte corpulence, quinze livres de foin, dix livres de paille, douze livres de carottes, neuf litres d'avoine ; lorsque vous n'aurez plus de provisions de carottes, vous les remplacerez par 12 litres de son, cela rafraîchira, entretiendra vos attelages et les stimulera à manger leur ration de paille.

MOIS D'AVRIL

L'Agriculteur. — Vous achevez pendant ce mois les travaux commencés en mars, soit dans vos champs, soit dans votre potager.

C'est maintenant que commence la monte des juments et des vaches, elle se continue jusqu'à la fin de juillet.

TROUPEAU.

Le temps est devenu plus beau, vous pouvez faire sortir plus fréquemment votre troupeau ; seulement le matin, avant de le laisser aller au champ, faites-lui manger une ration de paille ou de fourrages secs, vous l'entretiendrez de cette façon dans un très-bon état et vous éviterez ainsi la cachexie ou pourriture.

Vous pouvez également mêler vos béliers à vos brebis, c'est l'époque où ils commencent à les saillir, mais le plus communément on fait faire la monte en juin et en juillet.

BASSE-COUR.

La ménagère veillera à ses poules, elle mettra sous chaque poule qui demandera à couver treize œufs. La poule couve vingt et un jours ; après l'éclosion des pous-

sins, la ménagère les alimentera les premiers jours de
mie de pain et d'un jaune d'œuf dur mélangé et
écrasé.

HARICOTS.

Nous devons à Alexandre le Conquérant la découverte de ce précieux légume, il le trouva sur les rives
du Gange et le fit cultiver dans ses propres jardins.
Certes, aucune de ses conquêtes ne peut lui donner
à nos yeux autant de gloire que celle d'avoir protégé
la culture de ce légume si utile et si nécessaire à
toutes les classes de la société, mais plus indispensable et utile encore aux classes pauvres et laborieuses.

On sème à l'exposition du midi et dans un endroit
bien abrité, le flageolet et le haricot hâtif de Hollande,
vers la fin du mois on sème pour la grande culture, et
pour la petite culture, le haricot de Soissons, le Pre-
dome, le nain sans parchemin, le sabre-nain, le haricot comtesse de Chambord, et le haricot noir de
Belgique, ces variétés sont toutes excellentes pour la
table et d'un très-bon rapport.

ORGES DU PRINTEMPS.

C'est pendant le mois d'avril qu'on sème de préférence les orges, les hivers rigoureux leur sont funestes ; dans le Berry, on sème l'orge vulgairement

appelée marsèche; j'ai essayé l'orge chevalier et l'orge riz et j'en ai été très-satisfait.

POMME DE TERRE.

Le roi martyr, le bon Louis XVI, fut celui qui protégea le premier la culture de la pomme de terre, il donna à l'illustre Parmentier un terrain près de Paris pour la plantation de ce précieux tubercule. Quelques mois s'écoulèrent et le savant humanitaire adressa au roi les premières fleurs du précieux cryptogame; pour propager sa culture, le roi orna sa boutonnière d'une fleur de pomme de terre, toute la cour suivit son exemple, et la pomme de terre se vit ainsi appelée à créer un aliment nouveau, sain, nutritif et économique, aux classes riches et particulièrement aux classes pauvres.

Le rapport de la pomme de terre est considérable, mais plusieurs labours profonds sont nécessaires, elle s'accommode de tous les sols. Je préfère les semer en lignes espacées de 50 à 60 centimètres; à une distance de 20 en 20 centimètres on dépose un tubercule ou un morceau muni de plusieurs yeux dans le fond de la raie tracée par le rayonneur. Lorsque les tubercules sont trop gros vous pouvez les partager en ayant soin de laisser intact ce qu'on appelle vulgairement les yeux, elles ne pousseraient pas sans cette précaution.

Les variétés que j'ai employées sont les pommes

de terre chardon d'un grand rendement, les pommes de terre jaune et rouge de Hollande, les kidney et la vitelotte très-productives et excellentes pour la table.

La quantité à employer est de 20 à 25 hectolitres par hectare.

TOPINAMBOURS.

L'Agriculteur. — Plantez les topinambours comme la pomme de terre, mais dans une terre pauvre et que vous lui abandonnerez pour toujours, en ayant soin de la fumer tous les deux ans; les tiges donnent un excellent et abondant fourrage, et si à cause de l'humidité de la saison vous ne pouvez les sécher toutes, de celles que vous n'aurez pu rentrer ou faire consommer en vert vous en ferez du bois pour chauffer le four, vous donnerez les tubercules à vos troupeaux qui les mangeront avec plaisir; de plus, comme le topinambour ne craint pas la gelée, vous pourrez le laisser en terre et en arracher au fur et à mesure de vos besoins.

Cela vous évitera les frais d'un silos à construire pour les abriter comme pour les carottes et betteraves.

MOIS DE MAI

C'est pendant le mois de mai que les concours régionaux ont lieu, assistez-y, vous recueillerez toutes les innovations et perfectionnements apportés à l'agriculture; il vous sera d'autant plus facile de vous absenter qu'à cette époque les travaux des champs ne sont pas pressants, on exécute cependant les seconds labours des jachères, on plante des haricots à rames et en plein champ.

Vous ordonnerez à votre vacher et à votre berger de mener vos troupeaux au vert, la basse-courière n'a qu'à surveiller les couvées, comme il est dit au mois d'avril.

Votre régisseur, si vous en avez un, fera échardonner vos blés et en surveillera les travaux.

Le Commençant. — Vous m'avez parlé de haricots, voudriez-vous m'indiquer les variétés à semer ?

L'Agriculteur. — Je vous engagerai d'abord à choisir le haricot comtesse de Chambord, le sabre-nain, le haricot de Soissons, le haricot nain sans parchemin, le haricot noir de Belgique et le haricot Prédome; je vous recommanderai également le haricot gris Bagnolet, très-productif.

Il est préférable de semer en lignes à 0,60 centimètres de distance, vous enterrerez chaque graine à la profondeur de 7 à 8 centimètres et vous laisserez un espace de 0,25 centimètres entre chaque grain, après quoi vous ferez donner un seul coup de herse et l'opération sera terminée.

Vous repiquez dans ce mois les choux, les betteraves. La récolte des vesces commence pour les cultivateurs qui ont adopté le système de nourrir leurs bestiaux aux fourrages verts de la jarosse et du trèfle incarnat.

Dans les terres pauvres vous pouvez semer le sarrasin, on l'enterre en vert comme engrais, ou bien on le conserve pour la graine. La paille vous servira pour faire de la litière à vos bestiaux, mais évitez autant que possible de la leur donner comme nourriture, elle est plus nuisible que salutaire.

VIGNE.

Vous façonnez une deuxième fois votre vigne avec la charrue vigneronne.

Si vos vignes présentent des symptômes de maladies recourez au soufrage, la saison est propice pour le faire.

QUATRIÈME ENTRETIEN

—

MOIS DE JUIN

On fauche dans le mois de juin les luzernes, le sainfoin, les trèfles incarnats et les prairies naturelles, c'est le moment de compléter et même de prendre un personnel plus considérable que vous ne l'aviez habituellement.

Un excellent système conseillé par M. Barral, est celui de ne jamais confier le fauchage en raison de l'hectare; de prime abord, vous vous dites, je paie tant par étendue, vos calculs faits, vous supposez que vous êtes dans la voie de vos intérêts, il n'en est rien, le faucheur se dépêche de faire son travail, et pour cela il coupe l'herbe à six ou sept centimètres de hauteur et c'est au-dessous de cette élévation que les tiges ont deux fois plus de fourrages, qu'elles n'en ont au-dessus; un autre inconvénient est celui-ci : les faucheurs, pour terminer votre ouvrage, ramasseront votre fourrage imparfaitement : il n'en serait pas de même si on payait les faucheurs en raison du poids de 100 kilogrammes de fourrage sec, dans ce cas ils ne négligeront rien pour en ramasser la plus grande quantité, et de faucher au plus ras de terre que leur permettra de le faire leur instrument.

FENAISON.

Vous veillerez à ce que la fenaison soit parfaitement faite, et qu'on ne rentre pas le fourrage humide ou mal retourné; pour vous assurer de ce fait, vous irez vous-même dans les prés, vous retournerez de distance en distance les andins et vous vous assurerez de leur bon état; cela n'est pas suffisant, au moment de rentrer vos foins dans les fenils, soyez présent et chargez vos valets de mettre de côté tout le fourrage humide, par ce moyen, vous éviterez de perdre du fourrage, car la concentration de l'humidité ne tarderait pas à le moisir, et alors les animaux n'en voudraient plus.

Dans notre premier entretien, nous avons parlé des râteaux et des faneuses, si vous traitiez avec vos faucheurs en raison du poids de fourrages, quant à présent en employant à vos frais le râteau à cheval, ou le râteau américain qui ne coûte que 80 francs, vous n'auriez donc que le fauchage à payer, il faudrait donc déduire en votre faveur le prix de la fenaison; la différence à établir n'est pas difficile, vous pouvez parfaitement vous renseigner du prix pour les usages reçus, pour le fauchage et le fanage et vous pouvez sans crainte de vous tromper faire un calcul exact.

Aussitôt après la dessiccation du fourrage, il est absolument nécessaire que vos valets ou vos faucheurs le mettent en meules dans les prés, votre fourrage sera préservé de cette façon des pluies, que les mauvais temps ou les orages pourraient amener.

ATTELAGES.

C'est maintenant que vous avez besoin de tous vos attelages, vos foins sont fauchés, il faut les rentrer; ainsi vos attelages devront partir avant le point du jour, rentrer à midi, vous laissez une heure au plus à vos hommes et à vos chevaux, après faites sonner l'heure du départ, la rentrée ne se fera qu'à la nuit. N'allez pas vous imaginer que vos chevaux n'auront pas le temps nécessaire pour manger, il en est bien autrement : pendant que l'on complète le chargement des voitures de foin, les charretiers donnent du fourrage de la prairie à leurs bêtes; d'ailleurs, le soir en rentrant et à midi, faites-leur donner une bonne ration d'avoine et de son, par ce moyen vos chevaux seront parfaitement lestés, et ils résisteront très-bien à la fatigue, seulement surveillez de très-près le pansage de vos chevaux, que vos valets se lèvent à une heure du matin, pour leur donner la nourriture. Le cheval aime l'eau, si vous en avez à votre portée faites-le entrer dans votre mare ou dans un ruisseau, vous éviterez de faire cette opération parce qu'il y aurait du danger, lorsque l'animal est en sueur, et que votre cheval devra rester à l'écurie.

Vous pouvez faire prendre le matin un bain de quelques minutes aux chevaux en les sortant de l'écurie ou lorsqu'ils sont complétement remis de leur transpiration.

Vous pouvez, sans nul inconvénient, laisser entrer dans l'eau votre cheval même en sueur lorsqu'il voyage, le mouvement qu'il fait rétablit la circulation normale du sang et tout danger disparaît.

Vous donnerez toujours un tendeur à chaque charretier pour l'aider à charger et faites toujours voyager deux charretiers ensemble, ils se porteront secours l'un à l'autre en cas d'accidents. Il arrive souvent que les chemins sont très-mauvais et qu'une voiture est sujette à verser, il y a fréquemment des pentes à gravir, sans quoi le chargement resterait en route, alors les charretiers doublent les attelages à un seul chariot, et par cette assistance mutuelle ils se tirent facilement d'embarras.

Que vous rentriez vos fourrages dans des greniers ou que vous fassiez des meules, recommandez que l'on tasse fortement le fourrage, par ce moyen, vous en mettrez plus à l'abri et la fermentation du foin, se fera plus également.

FAUCHAGE DE LA LUZERNE ET DU TRÈFLE.

Pour le fauchage de la luzerne et du trèfle, vous ferez avec vos faucheurs les mêmes conditions établies pour le foin, vous vous informerez seulement s'il est d'usage dans le pays de payer meilleur marché le fauchage des prairies artificielles.

Le Commençant. — Comment reconnaitrai-je le moment favorable pour faucher les prairies ?

L'Agriculteur. — L'épanouissement à peu près com-

plet de toutes les plantes est le moment opportun pour
commencer à faucher.

Pour la fenaison du trèfle et de la luzerne, ne vous
servez pas autant que possible des râteaux mécaniques;
employez de préférence des femmes munies de râteaux
en bois, parce que ces fourrages s'effeuillent facilement
et l'on en perdrait beaucoup en employant une machine.

De crainte de perdre les feuilles qui sont la meilleure partie du fourrage au moment de la forte cha-
leur, vous ne pouvez faire ce travail que le soir ou
le matin.

Vous aurez plus d'avantage avant la dessiccation
complète de ramasser en tas votre luzerne et votre
trèfle, et d'en former des masses polygonales; le soir
ou le lendemain, votre fourrage sera en état d'être
rentré et par ce procédé vous conserverez l'adhérence
des feuilles à leurs tiges.

CUSCUTE.

Dans les prairies artificielles, il apparaît souvent
une plante très-nuisible, qu'on appelle la cuscute.

Cette plante pousse en tiges rondes, multiples et
filamenteuses, elle est d'une couleur blond ardent, c'est
ce qui l'a fait appeler par le paysan du Berry, le Blon-
deau.

Si vous ne combattiez pas la présence de la cuscute,

dans vos prairies elles seraient inévitablement détruites par elle en peu de temps ; j'ai vu des champs complètement perdus par la cuscute, entr'autres ceux de deux de mes fermiers.

Les plus illustres agronomes recommandent d'employer les moyens suivants : La cuscute fait-elle son apparition dans vos champs ? coupez-la à ras de terre, brûlez de la paille aux endroits coupés par la cuscute et arrosez la place avec de l'eau dans laquelle vous aurez fait dissoudre du sulfate de fer. Ces moyens réussissent, mais voici ce que je faisais et je n'ai jamais constaté la présence de ce ravageur après le travail que je vais vous indiquer.

Je faisais enlever énergiquement la couche de terre envahie par la cuscute, je brûlais de la paille, ensuite je faisais rapporter aux endroits ravagés de la terre nouvelle, au mois de mars je faisais semer de la luzerne et je me débarrassais ainsi pour toujours de l'ennemi destructeur et mon champ de luzerne se garnissait partout de fourrage dès la première année.

Pendant le mois de juin, on fait la tonte des moutons, nous avons relaté plus loin ce qu'il faut faire en pareil cas, vous continuez à semer le sarrasin.

MOIS DE JUILLET

C'est pendant le mois de juillet que l'on commence à

moissonner les orges d'hiver, les seigles et les avoines d'hiver.

Si la saison est chaude, dans le Berry, on commence vers le 20 la moisson des blés; c'est le moment de redoubler d'activité et bien que les ouvriers demandent des prix exorbitants, il faut employer un personnel encore plus considérable que celui que vous employez habituellement, puisqu'il s'agit de récolter les produits que vous avez confiés à la terre avec tant de frais et tant de peine et d'en obtenir la rémunération.

Le Commençant. — On moissonne dans plusieurs contrées telles que celles du midi plutôt que le 20 juillet, et dans le nord on commence à peine la moisson vers la fin d'août, comment reconnaîtrais-je si mon blé est arrivé à maturité?

L'Agriculteur. — Ne vous préoccupez pas si dans telle ou telle autre zone on commence plus tôt ou plus tard la moisson, c'est une affaire de climat; vous reconnaîtrez facilement si votre blé est mûr, lorsque la paille devient blanche, le grain sans être dur devient farineux, l'ongle peut encore le pénétrer sans difficulté. Il vaut mieux ne pas trop laisser mûrir votre blé, il s'égraine trop facilement et il en résulte une grande perte, en outre le rendement en poids et en volume est bien moindre.

Dans plusieurs contrées, pour ne pas perdre leurs grains, plusieurs cultivateurs mettent au fond des

chariots de grandes toiles, cette précaution est sage et
utile.

FAUCILLE. — SAPE. — MACHINE A MOISSONNER.

On emploie pour moissonner, la faucille, la faux, la
sape et depuis quelque temps les moissonneuses; je vous
engage à abandonner complétement la faucille, on fait
avec cet instrument moins d'ouvrage et on dépense davantage qu'avec l'emploi de la faux qui fait trois ou quatre
fois plus d'ouvrage et dans de meilleures conditions;
un autre instrument qui l'emporte sur la faux, c'est la
sape qui fait un travail prompt et plus parfait. Toutefois la moissonneuse comme rapidité l'emporte de beaucoup sur la sape, seulement vous ne pouvez vous servir de ces machines que dans des plaines bien unies
et avec un sol résistant. Dans les pays montagneux ou
marécageux la moissonneuse ne saurait manœuvrer :
dans les premiers terrains, il est impossible de faire
gravir les pentes et les collines à la machine à vapeur,
et dans les seconds terrains les roues s'enfoncent, surtout après une pluie quelconque.

Lorsque votre blé est coupé vous en faites des gerbes,
le lendemain ou le surlendemain, vos hommes en as-
semblent quatre ou cinq, de manière qu'elles puissent
former un cône et que les grains ne touchent pas à
terre, une autre gerbe dont les épis seront renversés
sera placée au-dessus de ce cône; vous assujettirez

le tout avec de la paille de seigle ou une corde, si
vous ne voulez pas vous servir de corde prenez un
échalas, percez la gerbe qui est au sommet et qui
forme le chapeau de votre cône et fixez assez solide-
ment le bois en terre, vos gerbes arrangées de cette
façon supporteront d'assez fortes pluies sans se mouiller,
et elles parviendront ainsi au bout de quelques jours à
leur maturité complète.

Relativement aux avoines une *trempée* ne leur est
pas nuisible, seulement il faut éviter avec soin de
laisser les grains en contact avec la terre, ils germe-
raient; mais vous pouvez retourner plusieurs fois les javelles et les mettre en contact avec les rosées, par ce
procédé vous acquerrez plus de qualité et de poids au
moment de les battre, soit au fléau, soit à la méca-
nique.

J'oubliais de vous signaler qu'en faisant la récolte
des seigles, il faudra les faire battre à la planche ou
au tonneau, vous conserverez ainsi intacte la paille,
qui vous servira à faire les liens de vos gerbes, la machine brise la paille et les liens seraient trop courts ou
peu solides.

RENDEMENT.

Le rendement du blé peut s'élever de quinze à qua-
rante hectolitres par hectare, cela dépend de la qualité

et du mode de culture des terres, et comment elles ont été fumées.

ENTRETIEN DES PRAIRIES NATURELLES.

Maintenant que vos prairies naturelles sont débarrassées, il faudra veiller à leur irrigation.

C'est le moment d'envoyer vos vaches et vos bœufs pâturer dans vos prés, seulement si vous avez des parties humides et fertiles, il se pourrait que vous puissiez faucher une seconde fois dans le mois de septembre; ce fourrage servira en partie à alimenter vos moutons, vos bœufs et à la rigueur vos chevaux; veillez donc à ce que le fauchage de vos prés se fasse en saison convenable et vous vous créerez ainsi une grande ressource.

Si vous avez habitué vos bestiaux au vert, vous fauchez en vert les vesces de printemps, les pois gris et les fourrages précoces.

VIGNES.

Vous donnez à votre vigne une façon à la charrue, vous détruirez par ce moyen les plantes nuisibles, et votre vigne ainsi préparée vous donnera une récolte plus abondante, vous continuerez toutes les fois qu'il en est besoin le soufrage de la vigne.

MOIS D'AOÛT

L'Agriculteur. — Bien que vous soyez en pleine saison de la moisson, vos chevaux ne seront affectés à rentrer votre récolte qu'à certains moments de la journée, il faut donc les utiliser à préparer les labours pour les semailles d'automne, les déchaumages, conduire les fumiers et faire les binages des plantes sarclées.

Vous recommandez vers la fin d'août à votre ménagère de mettre de côté des œufs pour l'hiver.

Pour conserver vos œufs prenez une grande terrine ou un petit tonneau, munissez-vous de cendre ou de sciure de bois et vous en mettrez une couche sur chaque rangée d'œufs.

POTAGER.

Vous pouvez encore repiquer les choux, les poireaux que vous achetez, soit au marché, soit chez des jardiniers, vous semez encore les carottes et les navets pour l'hiver. Comme les chaleurs sont accablantes, la terre est desséchée, faites arroser avec du purin deux fois par semaine vos semis et vos plantations, vous obtiendrez ainsi d'excellents produits.

On commence à semer le colza, la navette d'hiver, la gesse sèche, la grande gaude et la spergule.

C'est vers la fin d'août que l'on moissonne le méteil, l'orge, l'avoine et l'épeautre de printemps.

C'est également pendant ce mois que l'on fauche le sainfoin à deux coupes et que vous procédez à la troisième coupe de vos luzernes.

Lorsque vous voudrez obtenir des graines, il faudra attendre que vos prairies soient assez vieilles pour que vous soyez résolu à les détruire.

VIGNES.

On attache la vigne et on l'épampre, employez à cet usage des femmes qui vous coûteront meilleur marché que les ouvriers.

MOIS DE SEPTEMBRE

L'Agriculteur. — Voilà vos fourrages et vos céréales rentrés ; il faudra commencer par savoir quel est leur rendement.

Si vous avez une bascule qui vous permette de peser vos voitures chargées, vous saurez immédiatement la quantité de fourrages que vos prés et vos prairies vous ont donnée, différemment vous prenez des botteleurs, et vous faites botteler le plus que vous pouvez de foin, ne laissez de fourrage que pour occuper vos valets, dans le cas où ils seraient retenus à la ferme par le mauvais temps.

Le bottelage non-seulement est économique, mais il est encore indispensable; n'est-il pas de toute nécessité qu'un chef d'exploitation sache ce qu'il pourra dépenser de fourrage pour alimenter ses bestiaux et en retirer le plus de profit possible? Mais sans le bottelage il pourrait nourrir des bestiaux au delà de ses provisions, et au bout de quelques mois, il se trouverait dépourvu de ressources.

La paille devra être également bottelée et distribuée avec ordre aux bestiaux, soit pour leur litière, soit pour leur nourriture; les valets habituellement la gaspillent en disant : la paille n'est pas perdue, elle se convertit en fumier, ce raisonnement est faux; si la paille n'est pas perdue avant d'être réduite en fumier elle ne vous a pas rendu le service que vous en attendiez, et d'ailleurs par ce système vous finiriez par en être dépourvu et vous vous verriez forcé non-seulement d'en acheter, mais encore de faire perdre beaucoup de temps à vos hommes et à vos attelages pour aller vous en approvisionner.

Quant à vos céréales si vous voulez connaître leur rendement, faites-les battre pendant le courant de ce mois, vous aurez ainsi plus de temps devant vous pour profiter des marchés avantageux qui pourraient se présenter. Vous garantirez également par ce moyen vos céréales et votre paille des ravages que pourraient faire les rats et les souris.

Vous aurez soin de conserver les balles de céréales pour vos bestiaux, et les balles d'avoine les plus légères vous les destinerez pour en faire des matelas pour coucher vos valets.

SEMAILLES.

C'est vers la fin de septembre que commencent les grandes semailles de blés. Pour obtenir les plus belles variétés, j'avais contracté la bonne habitude de ne faire mes semailles qu'avec des blés étrangers à la localité que j'habitais. On s'accorde généralement à reconnaître que la semence récoltée dans une terre et semée dans la même contrée est moins productive et qu'elle dégénère.

CHAULAGE.

Une des conditions les plus essentielles pour la conservation de vos blés à semer est celle du chaulage.

Plusieurs cultivateurs emploient l'acide sulfurique, d'autres la chaux hydratée et du sel. On m'avait conseillé de vitrioler mes blés; j'ai craint un instant que le vitriolage n'exerçât une mauvaise influence sur les hommes appelés à faire ce travail; cette crainte s'est dissipée, car mon régisseur et deux hommes affectés à ce service n'ont jamais éprouvé le moindre malaise j'assistais moi-même assez souvent au vitriolage et je n'ai jamais ressenti le moindre symptôme d'indisposition.

Avant de semer mes blés, je mesurais les étendues à semer par hectare, je me rendais de cette façon un compte exact sur la quantité à vitrioler. Lorsque dans la même pièce de terre, je semais une autre variété de blé, je faisais tracer un grand sillon pour en indiquer la séparation et empêcher le mélange des variétés. Je prenais un piquet au bout duquel sur une petite feuille de plomb j'imprimais le nom du blé semé et je plantais mon piquet à la limite de séparation de chaque variété.

VITRIOLAGE.

Je prenais un kilogramme de vitriol que je faisais dissoudre au feu dans un peu d'eau, je le versais dans une cuve pouvant contenir quatre hectolitres, ensuite je faisais remplir ce récipient au $^3/_8$ de purin; je prenais quatre hectolitres de blé que je faisais déposer également dans la cuve; de manière à ce qu'il fût bien immergé, je l'y laissais de trois à douze heures, après quoi je faisais couler l'eau par un robinet adapté au fond de la cuve, lorsqu'il n'y avait plus d'eau je retirais le blé et le faisais étaler par terre pour en faire le pralinage : à cet effet je faisais piler 50 kilog. de phospho-guano pour les quatre hectolitres et à l'aide de pelles en bois j'en faisais un mélange complet; seulement comme le grain praliné devenait beaucoup plus volumineux que le grain chaulé, je recommandais à mes semeurs de semer à pleine main et dru, sans quoi la quantité de deux hectolitres qu'on emploie généralement par hectare ne serait pas semée et vous seriez sujet à la moisson à avoir des mécomptes sur la quantité de blé récolté.

Je vous ferai observer qu'il faut rigoureusement employer par hectare deux hectolitres de blé sec, le vitriolage augmente la quantité d'un cinquième ou d'un sixième; ne vous en préoccupez pas et tenez rigoureusement par hectare la quantité augmentée par l'action du vitriolage.

La quantité de deux hectolitres par hectare est suffisante lorsqu'on sème de bonne heure, mais si la saison est avancée deux hectolitres $^1/_2$ ne sont pas de trop.

Le Commençant. — Préférez-vous enterrer à la charrue ou à la herse?

L'Agriculteur. — Plusieurs cultivateurs prétendent qu'à la charrue on laisse moins de blé à découvert et qu'il est moins sujet à se déchausser; cela me paraît avoir son bon côté, néanmoins on perd trop de temps à enterrer à la charrue; d'autre part le blé restant plus longtemps en terre est plus sujet à être dévoré par les araignées et autres animaux nuisibles; ensuite si la terre n'est pas bien ameublie ou qu'il fasse un peu sec, le soc de la charrue en sillonnant la terre retourne quelquefois des mottes trop épaisses et le germe du grain a beaucoup de peine à sortir hors de terre.

Le système d'enterrer le blé à la herse me paraît préférable : si les hersages sont énergiques et bien faits, vous ne laisserez guère de blé à découvert, seulement votre terre sera bien émiettée et la végétation de la plante se fera dans d'excellentes conditions; vous pouvez éviter qu'il ne se déchausse, en passant, après le coup de herse, le rouleau plombeur ou le rouleau brise motte.

Un autre avantage qui résultera du hersage sera celui d'enterrer au fur et à mesure vos blés semés, il n'en sera pas de même en les enterrant à la charrue.

Deux semeurs peuvent dans leur journée semer cinq hectares. Vous n'avez pas toujours à votre disposition le nombre d'attelages nécessaires pour enterrer dans une seule journée ce que vous avez à semer. Vous serez donc obligé d'abandonner pendant plusieurs jours vos grains aux ravages des oiseaux, sans compter que le blé ainsi exposé se desséchera sous l'action du soleil, et perdra une des principales propriétés germinatives hâtées par l'immersion du vitriolage et du pralinage. On objectera que l'on ne sème qu'au fur et à mesure de ce que les charrues pourront enterrer, cela est bien difficile, car on ne peut pas déranger et payer un semeur à la journée pour quelques boisseaux qu'il pourrait semer, on ne peut pas non plus à chaque instant déranger des hommes pour le vitriolage et le pralinage, ce serait un intérêt fort mal entendu que celui de mettre son personnel en allées et venues continuelles; d'ailleurs pour cette opération je vous signalerai encore, que votre blé semé par petites parcelles et à différents jours d'intervalles mûrira inégalement.

En enterrant votre blé à la herse, vous pouvez semer en un seul jour vos cinq hectares et réserver même une partie de vos attelages à d'autres travaux.

Pour économiser du temps, lorsque vous enverrez vos chevaux herser, au lieu d'affecter un homme pour chaque cheval, un seul pourra mener deux chevaux et deux herses à la fois; faites mettre sur le dos de chaque cheval un sac de semence; en arrivant dans le champ à semer, vos valets le déposeront à la distance que vos semeurs indiqueront, cela facilitera considérablement leur travail.

En Angleterre bien des cultivateurs sèment en lignes, en France on sème généralement à la volée.

Les variétés que je semais habituellement étaient parmi les blés sans barbes, le redd chaff, le blé rouge d'Ecosse et le blé hieckling; ces blés sont très productifs en grains et en paille, et assez rustiques; j'ai essayé les blés de Bergue, les Victoria d'automne, et le blé de haie; ces variétés, quoique productives, sont généralement vendues à un prix très-élevé, aussi me suis-je limité à n'en semer que sur une très-petite étendue.

On sème également dans le mois de septembre l'orge d'hiver ou escourgeon, et le seigle; la quantité à semer par hectare est de deux hectolitres.

L'épeautre, qui vient dans les contrées même peu fertiles, se sème également en septembre; seulement la quantité à employer est de quatre hectolitres. La culture de cette céréale est presque généralement abandonnée.

Plusieurs cultivateurs sèment la luzerne pendant ce mois comme les céréales, ce système m'a assez bien réussi et m'a permis quelquefois d'en faire une coupe dès le mois d'août suivant.

Dans ce mois on sème les féveroles, les lentilles, et les pois gris d'hiver.

Vers la fin de septembre, on arrache les pommes de terre, les haricots; nous verrons plus loin la manière adoptée pour l'arrachage. On cueille les graines de luzerne, trèfle et sainfoin.

C'est également pendant ce mois que l'on fait la récolte des raisins et des fruits; il faut faire disposer par votre tonnelier votre cave et vos tonneaux pour recevoir la vendange, et préparer votre fruitier pour recevoir vos fruits.

MOIS D'OCTOBRE

POMMES DE TERRE.

On continue à arracher les pommes de terre, l'arrachage à la charrue est plus prompt, on prétend que par ce procédé on en perd beaucoup, j'ai eu lieu de constater qu'on en perd autant en les arrachant à bras.

D'ailleurs si vous employez la charrue, enlevez le couteau et le versoir, ne laissez que le soc, donnez à votre charrue toute l'entrée, vous soulèverez ainsi tous les pieds des pommes de terre avec facilité, les femmes chargées de les ramasser suivent la charrue et réunissent en petits tas les tubercules.

Comme la charrue aura toute l'entrée, au lieu de deux chevaux attelez-en trois et même quatre, votre opération n'en réussira que mieux.

Arrachez vos pommes de terre par un temps sec, elles seront de cette façon de meilleure garde.

BETTERAVES ET CAROTTES.

C'est vers la fin de ce mois qu'on arrache les betteraves et les carottes, cependant si vous n'êtes pas obligé d'utiliser pour vos semailles de blé le champ où sont cultivées les carottes, vous pourrez ne les arracher que vers la fin de novembre, les carottes craignent moins les gelées que les betteraves. Quant au topinambour, il est très-rustique, vous pouvez le laisser en terre et ne l'arracher que selon vos besoins.

On arrache les betteraves et les carottes à bras, vos ouvriers prennent un piquet en bois qu'ils enfoncent en terre de la main droite, de manière à pouvoir soulever la racine, tandis que la main gauche s'empare de la fane et enlève la carotte, seulement cette opération demande trop de temps.

Je préfère donc l'arrachage à la charrue de la même manière que vous avez procédé pour les pommes de terre.

Vous faites décoller sur place les feuilles de betteraves et les fanes de carottes. Pendant plusieurs jours envoyez dans le champ vos troupeaux et laissez-les paître, ils y trouveront une nourriture saine et appétissante.

SILOS.

Pour conserver vos racines fourragères, il se pourrait que vous n'eussiez pas assez d'emplacement pour les mettre à l'abri du mauvais temps et des gelées, dans ce cas il faudra faire des silos ; à cet effet creusez dans une terre saine et à l'abri des inondations à un mètre de profondeur, donnez à l'ouverture du silos un mètre de largeur, placez vos racines en tas dans la fosse, recouvrez-les d'une couche de terre de 10 centi-

mètres, mettez par dessus un peu de paille et recouvrez
le tout d'une autre couche de 0,25 centimètres de terre,
vous donnerez à la couverture de votre silos la forme
d'un toit, établissez de chaque côté de votre silos deux
rigoles profondes pour l'écoulement des eaux. Comme
cet amas de racines fourragères produira de la fermentation, pratiquez à votre silos plusieurs ouvertures laté-
rales pour laisser des issues à la vapeur qui s'échappera.
Vous boucherez ces ouvertures avec des bouchons d'é-
pines, celles-ci empêcheront les animaux rongeurs de
pénétrer dans vos silos et seront suffisantes pour empêcher les gelées d'y pénétrer.

ARRACHAGE DES HARICOTS.

L'Agriculteur. — Il ne serait pas prudent, à toute
heure de la journée, d'arracher les haricots, vous ne
pouvez faire ce travail que le matin, lorsqu'ils sont encore imprégnés de rosée, sans cela ils s'écaleraient
trop facilement et vous en perdriez beaucoup.

Lorsque vos haricots sont arrachés, vous en faites
des javelles; comme leur dessiccation n'est pas complète, vous ferez bien de les laisser cinq ou six jours
exposés au soleil en ayant soin de les retourner le troisième jour pour que la dessiccation soit égale partout.

Si vous voulez conserver vos haricots tout l'hiver, il
ne faudra pas les laisser au rez-de-chaussée, montez-

les au grenier, suspendez vos javelles sur des cordes ou faites-en des tas.

On bat les haricots au tonneau, cela demande trop de temps; vous pouvez vous servir du fléau, c'est beaucoup plus avantageux comme économie de temps et d'argent. Lorsqu'ils sont battus, vous les passez tout simplement au tarare.

La paille des haricots doit être conservée pour la donner en nourriture à vos troupeaux, qui en sont très-friands.

On arrache pendant ce mois la garance et on récolte le panais.

Les semis d'automne se font en octobre et peuvent être continués en novembre, on fait le chablage des noix.

MOIS DE NOVEMBRE

Vous continuez les semailles des céréales jusqu'au 15 de ce mois.

Vous commencez vos labours d'hiver et conduisez vos fumiers dans vos prés et dans vos trèfles, vous curez vos fossés, ainsi que les raies d'écoulements ménagées dans vos blés pour garantir ces derniers des pluies d'hiver.

Vous entretenez vos prairies par des irrigations.

VIGNES.

Vous faites arracher vos échalas et pour les préserver des altérations du temps, prenez trois kilog. de vitriol bleu que vous faites dissoudre dans de l'eau ; plongez vos échalas dedans, et les y laissez deux ou trois jours, après quoi, retirez-les et faites-les sécher à l'abri du soleil.

On cueille pendant ce mois les olives, on récolte en novembre les châtaignes.

Si le temps est mauvais, occupez vos hommes, non-seulement au bottelage du foin et de la paille, mais aussi au criblage des céréales et des haricots.

Faites visiter tous vos chariots et instruments agricoles par votre charron, les travaux de la moisson et des grandes semailles ont dû les détériorer ou déranger ; une opération à faire étant prise au début est peu de chose, elle deviendrait conséquente si on attendait trop tard.

On fait dans les distilleries la distillation des graines du sorgho, des pommes de terre, des topinambours et des betteraves. Vous destinez les résidus pour l'alimentation de vos bestiaux en ayant soin de les mélanger en fourrage sec, vous leur préparez ainsi une très-bonne nourriture.

MOIS DE DÉCEMBRE

Vous êtes fixé sur la récolte de vos fourrages, de vos céréales et de vos racines fourragères.

Vous mettrez de côté vos grains et vos graines pour les semailles à venir et pour l'alimentation de votre personnel et de vos bestiaux. Vous livrerez l'excédant de vos récoltes au marché, en cela vous ferez pour le mieux, car seul, vous serez juge de l'opportunité du moment favorable pour la vente.

Quant à vos racines fourragères et toutes vos pailles, elles devront être absolument réservées et consommées par vos bestiaux. Vous ne vendrez de vos fourrages que lorsque vous aurez également réservé une abondante provision à vos troupeaux.

Vous surveillerez vos silos, vous continuerez à conduire les fumiers sur les blés en couverture, au moment où la terre est bien gelée, évitez de faire entrer dans vos blés les attelages au moment du dégel qui s'opère quelquefois dans la journée à la suite de quelques rayons de soleil. On ne fume en couverture que lorsqu'on n'a pas eu le temps de conduire tous ses fumiers pour les semailles d'automne.

La conduite des fumiers en couvertures peut se continuer jusqu'à la fin de mars.

Votre troupeau sera obligé de rester le plus sou-

vent dans les bergeries; plus loin, j'ai indiqué la manière dont je les nourrissais, vous pouvez ajouter les
tourteaux de colza ou les résidus des grains que vous
pourrez vous procurer dans les distilleries de la ville.

On continue l'entretien des prairies et la taille de
la vigne.

Le soir à la veillée, vous faites filer le lin et le
chanvre à vos servantes, et écaler les noix, que vous
enverrez à l'huilerie pour l'extraction des huiles qui
devront servir pour l'éclairage et la nourriture de
votre domaine.

Nous voici au terme de notre course et si vous voulez compléter richement vos recherches, consultez des
livres plus savants. Ce faible aperçu de mes observa-
tions agricoles ne fera que vous initier aux premières difficultés que vous trouverez sur votre chemin.

Mais, avant de nous séparer, je veux vous entretenir d'un projet qui intéresse au plus haut degré les
populations rurales. Il s'agirait de travailler à leur
bien-être, à leur amélioration morale et intellectuelle.
Le propriétaire et les cultivateurs trouveront également dans l'exécution de ce projet, de grands avantages.

Voici le vœu que j'émets!

ASILES AGRICOLES

On se plaint, et avec raison, du peu d'attachement que la plupart des domestiques ont pour les intérêts de leurs maîtres.

Ne pourrait-on pas combattre ce mal funeste et qui gagne chaque jour du terrain parmi les populations des villes et des campagnes ? Je pense que des combinaisons utiles pourraient arrêter ce progrès malfaisant et ramener aux saines croyances, à l'amour du travail, ces populations au cœur droit lorsqu'elles sont sagement dirigées.

Lorsque le soldat ou le marin a servi son pays, une retraite récompense ses services, lorsqu'il devient infirme ou âgé, ou bien est-il mutilé sur le champ de bataille, on lui accorde un asile justement mérité. Ce serviteur de la patrie, sachant que le pays lui accordera une récompense et ne le délaissera pas dans le malheur, bravera avec courage les plus grands dangers et remplira sa tâche avec honneur et fidélité. Il

meurt pour son pays, et, dans son agonie et son mar-
tyre, il trouve encore un mot pour bénir la France.

A l'exemple des milices de l'État, et de plusieurs corpo-
porations civiles, ne pourrait-on pas trouver le moyen
de venir en aide à ces soldats des champs qui, quoique
paisibles, n'en sont pas moins appelés à dompter les
plus rudes fatigues et à forcer la terre à nous rendre
chaque jour la chose la plus essentielle à la vie, l'aliment journalier! C'est ce soldat qui, pendant que
tout dort, veille, travaille, et avant l'aurore arrive
aux champs; mais, voyez-le, il ne se plaint pas, le sou-
rire sur les lèvres, il s'empare vigoureusement des
manches de sa charrue et, d'une voix robuste et forte,
il entonne quelques gais refrains chantés à la veillée
par son père ou un compagnon de la ferme. Quelques
heures de repos et une nourriture grossière suffiront
pour lui donner la force nouvelle et lui permettre de reprendre le lendemain le fardeau du plus pénible des
travaux. C'est au bien-être de ce soldat qu'il faudrait
travailler, il deviendrait inévitablement meilleur si on
voulait lui assurer, qu'après une existence honnête et
longuement remplie dans la voie du travail, s'il était
estropié, une institution bienfaisante l'aiderait à supporter, en partie, les misères qui viendraient l'assaillir.

Aussi, pour rendre plus heureuses ces intéressantes
populations, voici ce que je hasarde timidement; mon
vœu n'aura peut-être pas d'écho, mais quoi qu'il en

soit, j'ai le désir le plus ardent de faire le bien, le cœur d'un honnête homme est si heureux dans cette voie qu'il ne saurait jamais trop la suivre.

Il y aurait deux asiles agricoles dans chaque département : un pour les hommes et l'autre pour les femmes.

L'État, à titre de subvention, accorderait, la première année seulement de la fondation de chaque asile, une somme de cinq mille francs à chacune de ces fondations.

Les propriétaires ou cultivateurs verseraient chaque année aux asiles une somme de cinq francs, et cela à titre d'offrande généreuse.

Chaque ouvrier ou servante de ferme versera annuellement une somme de dix francs à son asile respectif, sans qu'ils puissent, en aucun cas, ni l'un ni l'autre, retirer leur mise.

Le président de la Société d'agriculture de chaque département nommera les administrateurs qui seront chargés, le premier dimanche de chaque mois, de recevoir les fonds d'association des ouvriers pour les asiles. Ces mêmes administrateurs seront chargés de chercher le placement avantageux des fonds qui leur seront confiés; ces fonctions ne comporteront aucun émolument, les administrateurs seront tenus de les exercer gratuitement. Le dernier dimanche de chaque mois, une commission nommée par le président du comice sera chargée de vérifier les comptes de l'association, et cela sans aucune rémunération. Aucun ouvrier ne pourra être admis dans les asiles sans la justification d'un livret portant les certificats des maîtres qu'il a servis.

Ces certificats désigneront l'âge, le pays, la profession, et comment s'est conduit l'ouvrier. Une conduite malhonnête l'exclura du bénéfice de l'association. L'ouvrier, pour cause d'indignité ou pour celle d'une condamnation à une peine afflictive, sera banni de l'association et perdra le fruit de ses mises; toutefois, s'il manifeste un repentir de sa faute, et que, pendant trois années, il justifie d'une bonne conduite, il sera réintégré dans ses droits.

Quelques personnes, tout en ne contestant pas le but d'utilité philanthropico-agricole préconisé dans ce modeste aperçu, diront que l'exécution des asiles agricoles n'est pas réalisable; que les fonds nécessaires à leur établissement manqueront; d'autres personnes plus sensées diront, au contraire, abstenons-nous de faire avorter un projet bienfaisant à sa naissance; encourageons-le, tentons la chose; elle n'est ni périlleuse ni dispendieuse, discutons-la d'abord et nous nous prononcerons après. Je répondrai à ces cœurs généreux : Merci! sincèrement, merci! Ce que je cherche, après tout avec vous, c'est le bien-être de notre pays, c'est l'amélioration de l'avenir d'une classe qui se compose de plus de 20 millions de Français; de cette classe dont l'existence se résume en peu de mots : travail constant, privations fréquentes et pas d'avenir.

Aux personnes qui émettront des doutes sur la réalisation de mon projet, je leur mettrai en regard, pour les ramener et les combattre, des chiffres qui en démontrent d'une manière exacte la possibilité d'exécution. Si le gouvernement, si les comices agricoles, si la presse avec sa voix puissante, veulent appuyer notre projet, comme nous l'éspérons fermement, voici, par des chiffres, les résultats que l'on peut atteindre.

Prenons pour exemple une période de cinq années de souscriptions.

J'admets, par hypothèse, que dans chaque département on réunisse cinq mille souscriptions d'ouvriers, une première année, le montant de leur obligation, comme nous l'avons indiqué plus haut, étant de 10 francs, nous obtenons un chiffre de 50,000 francs; qu'il y ait, je le suppose, dans chaque département mille propriétaires et cultivateurs payant chacun 5 francs, vous réalisez 5,000 francs.

Subvention du Gouvernement, 10,000 francs.

Le total s'élèverait donc, pour la première mise, à 65,000 francs; cette première mise, placée à intérêts, produira, la première année, un revenu de 3,150 francs que l'on capitalisera, et l'on aura à la fin de la deuxième année 3,412 fr. 50 cent. La deuxième année, le Gouvernement n'accorde aucune subvention, mais les obligations des ouvriers, propriétaires et cultivateurs subsistent, et la souscription nous donne un chiffre de 55,000 francs, qui, placés à intérêts, nous donnent un revenu annuel de 2,750 francs; en additionnant le résultat des deux premières années.

Souscriptions de la première année	65,000 fr.	50 c.
Revenu de la première année. . .	3,250	
Revenu de l'intérêt capitalisé de la deuxième année.	3,412	50
Souscription de la deuxième année	55,000	
Intérêts de la deuxième année. .	2,750	
	129,412 fr.	50 c.

Vous obtenez à la fin de la deuxième année de la création des asiles, 129,412 fr. 50 c., qui, ajoutés aux 55,000 fr. de la souscription de la troisième, feront un total de 184,412 fr. 50 c., qui, placés à intérêts, rapporteront, à la fin de la troisième année, 9,220 fr. 60 c.; ajoutez-les au capital, vous aurez encaissé à l'expiration de la troisième année 193,633 fr. 10 c.

La quatrième année commence, et il rentre à l'association les 55,000 francs de la souscription annuelle, ajoutez-les aux 193,633 fr. 10 c. et vous obtiendrez 248,633 fr. 10 c., qui vous apporteront à la fin de la quatrième année un intérêt de 12,431 fr. 65 c., qui, capitalisés, vous représenteront une somme de 261,064 fr. 75 c. à la fin de la quatrième année.

La cinquième année commence, consignons le résultat des quatre premières années. . 261,064 fr. 75 c.

Souscription de la cinquième

année. 65,000

Total. . . . . . . 316,064 fr. 75 c.

Intérêts de la cinquième année . . 15,803 fr. 25

Total. . . . . 331,868 fr.

Le total général des mises capitalisées s'élèvera donc, à l'expiration de la cinquième année, à 331,868 fr., chiffre suffisant pour commencer à construire et à achever les établissements des asiles agricoles.

Vous objecterez : Si vous capitalisez les intérêts, qui nourrira les personnes âgées ou infirmes ? Je répondrai : Il est très-probable que le nombre des ouvriers vieux ou infirmes sera nul ou fort restreint ; nous venons à peine de commencer l'institution des Asiles. Dans tous les cas, les intérêts, je suppose, de la sixième, septième et huitième année, pourraient servir largement à cet usage, en admettant, ce qui est peu probable, qu'il y eût déjà des infirmes.

D'ailleurs, n'allez pas vous imaginer que le nombre des souscripteurs resterait toujours stationnaire à 5,000 ; il pourra même, à l'expiration de la cinquième année, doubler, tripler, j'ose même dire qu'il n'y aura pas un seul ouvrier rural qui ne souscrira pour fonder des Asiles agricoles, dont les secours ne lui paraîtront pas humiliants comme ceux des hospices; d'ailleurs, les hospices sont-ils suffisants pour soulager les misères qui accablent l'ouvrier! Non certainement. Je disais tout à l'heure que le séjour des Asiles agricoles ne paraîtra pas humiliant au brave ouvrier, parce qu'il dira : « Ces murs qui m'abritent, cette terre sur laquelle je marche, le lit sur lequel je repose sont à moi : mon argent les a payés; le pain que je mange a été pétri avec la sueur qui a si souvent inondé mon front. » Il se dira encore : « Je n'ai jamais rien possédé; aujourd'hui, moi aussi, j'ai un coin de terre au soleil en partage avec la grande famille agricole. »

Chaque Asile aura des dépendances en terre labourable, et cela en raison du capital de l'association.

La culture des terres ainsi que le service des asiles seront faits par des enfants de douze à dix-huit ans, sous la direction d'un professeur d'agriculture, chargé de leur apprendre la théorie et la pratique des parties les plus essentielles de la bonne culture.

Le gage des adolescents sera rétribué par les Asiles, qui ne leur donneront que la moitié des gages que le cultivateur paie habituellement à l'ouvrier.

Tout membre d'association pourra, s'il est encore valide ou apte à quelque travail, s'occuper dans les

Asiles; le produit de son travail sera vendu et la moitié du bénéfice restera à l'ouvrier et l'autre moitié sera affectée au profit des Asiles.

Pour faciliter l'enrôlement et le versement des fonds de chaque ouvrier, le maire de chaque commune sera chargé de recevoir la cotisation annuelle de l'ouvrier, contre laquelle il lui délivrera, si le sujet est honnête, un brevet d'association aux asiles. Le maire et le curé de chaque commune seront chargés de donner leur avis sur la moralité de l'ouvrier qui demande à être inscrit. Dans le cas où le curé serait, pour l'admission de l'ouvrier, d'un avis contraire à celui du maire, on en référerait au président de l'association qui, seul, serait juge suprême dans la question qui surgirait.

L'organisation extérieure et intérieure des asiles se ferait conformément aux règlements qu'on établirait lors de la création; une commission spéciale d'administrateurs serait chargée de la rédaction et de l'esprit à donner à la direction des Asiles.

Une église ou une chapelle catholique, apostolique et romaine serait élevée dans chaque Asile; toutefois les ouvriers appartenant à une religion différente ne seront nullement obligés d'assister aux services divins de l'Asile. La liberté de conscience devant absolument être libre, ils pourront, les jours de fête, se rendre dans les temples consacrés à leur culte, s'il en existe dans la localité où sont construits les Asiles.

L'Etat, ou à défaut chaque département, donnera tous les ans le premier mai, cinq prix, un de deux mille francs et quatre de cent francs, aux cinq ouvriers qui seront munis des certificats d'association pour les asiles qui justifieront d'une conduite honnête et prouveront la supériorité de leur capacité comme cultivateurs.

Le jeune homme de dix-neuf à vingt et un ans, qui aura remporté le prix de deux mille francs, décerné par l'État ou le département, emploiera, par l'organe des asiles, le montant du prix gagné à se faire exempter du service militaire. Dans le cas où il ne tomberait pas au sort, on prélèverait cinq cents francs que l'on donnerait à l'ouvrier qui a remporté le prix de deux mille francs, et l'on verserait à la caisse des asiles les quinze cents francs restant que l'on capitaliserait pour libérer, dans un temps donné, le 2e, 3e, 4e, et 5e prix des asiles. En revanche, les ouvriers qui seront exemptés devront servir six mois les asiles agricoles, tout en ne recevant que la moitié des gages qu'ils recevraient ailleurs, le logement et la nourriture compris.

Le premier dimanche de chaque mois la Commission se réunira pour demander compte des opérations faites par les administrateurs.

Le 1er dimanche de chaque mois également, un membre de la Société d'agriculture sera chargé de faire gratuitement des cours d'agriculture pratique à la classe rurale.

Si la population des campagnes voit que l'on s'occupe de son bien-être, on la ramènera à avoir de l'attachement pour le propriétaire, la terre de ce dernier s'améliorera sous cette influence bienfaisante et vous verrez avec bonheur qu'une grande partie de la famille humaine, riches et pauvres, feront ensemble un pas de plus vers l'éternelle harmonie du bien.

FIN.

Sceaux, — Typographie de E. Dépée.

J. ROTHSCHILD, Éditeur, 43, rue Saint-André-des-Arts, Paris.

MANUEL DE CUBAGE
ET
D'ESTIMATION DES BOIS
FUTAIES, TAILLIS, ARBRES ABATTUS OU SUR PIED
NOTIONS PRATIQUES SUR

LE DÉBIT, LA VENTE ET LA FABRICATION DE TOUS LES PRODUITS DES FORÊTS

TARIF DE CUBAGE DES BOIS EN GRUME OU ÉQUARRIS

TABLES DE CONVERSION

A l'usage des Propriétaires, Régisseurs, Maîtres de forges, Marchands de bois, Administrateurs de forêts, Gardes particuliers, Gardes forestiers et Gardes ventes

PAR A. GOURSAUD

Ancien élève de l'École impériale forestière:

Un beau volume in-18 de 180 pages. — Prix relié, 1 fr. 50 c.

L'intérêt de cet ouvrage consiste surtout en ce qu'il résume d'une manière complète les études théoriques et pratiques sur le cubage et sur l'estimation des bois. Il est d'un usage facile, et son petit format permet de le porter toujours sur soi en forêt. Les deux parties contiennent :

PREMIÈRE PARTIE

AVANT-PROPOS. — CHAPITRE PREMIER. — Rubans gradués. — Décamètre. — Chaîne. — Compas forestier : ses graduations. — Mesure des diamètres par décroissement. — Mesure des tables d'expérience. — Mesure des hauteurs. — Planchette ordinaire. — Planchette perpendicule.

CHAPITRE II. — Cubage des arbres comme volumes géométriques. — Cubage en grume : méthodes pratiques. — Cubages au 1/4 sans déduction, au 1/6 et au 1/5 déduits. — Comparaison de ces divers volumes. — Autre mode particulier de cubage.

CHAPITRE III. — Volume réel de la tige. — Tronc, cime et branches. — Cépées de taillis. — Comparaison des volumes pratiques, réels, cylindrique et tronconique. — Du facteur de décroissance.

CHAPITRE IV. — Mètre cube, pied cube, solive. — Stère, corde. — Facteurs de conversion du mètre cube au stère, et réciproquement. — Facteurs de conversion des principales unités marchandes. — Des cubages dans les aménagements.

CHAPITRE V. — Du bois de feu et de ses diverses dénominations. — Caloricité des bois. — Densité des bois. — Densité des charbons de bois. — Fagots et bourrées. — Bois à charbons. — Comparaison entre les divers combustibles.

CHAPITRE VI. — Débit des bois de service. — Débit des bois de travail. — Sciage du chêne. — Sciage du hêtre. — Sciage du sapin. — Bois de fente.

DEUXIÈME PARTIE

CHAPITRE PREMIER. — Martelage. Divers modes d'estimation. — Cubage et comptage individuels. — Cubage par place d'essai. — Estimation à vue par pied d'arbre ou par hectare. — Estimation à vue. — Estimation par virée et par hectare.

CHAPITRE II. — Tenue du calepin. — Procès-verbaux d'estimation.

CHAPITRE III. — Coupes vendues sur pied. — Coupes par économie et par entreprise au rabais. — Coupes vendues sur pied à l'unité de produits façonnés.

Huit tableaux avec leur explication, le tout en 70 pages, forment la fin de l'ouvrage.

J. ROTHSCHILD, 43, RUE St-ANDRÉ-DES-ARTS, A PARIS

LES
PLANTES FOURRAGÈRES

ALBUM
DES CULTIVATEURS ET DES GENS DU MONDE

Atlas grand in-folio représentant en 60 Planches
les Plantes de grandeur naturelle. Chaque Planche
est accompagnée d'une légende,

PAR V.-J. ZACCONE
Sous-Intendant militaire, Chevalier de la Légion-d'Honneur

Ouvrage couronné
PAR LE COMICE AGRICOLE DE L'ARRONDISSEMENT DE THIONVILLE AUX
EXPOSITIONS DE BAYONNE, AMSTERDAM, CHAUMONT, ETC., ETC.

Prix de l'Ouvrage cartonné
Avec figures noires, 25 fr. — Avec figures coloriées, 40 fr.

Extrait de l'*Illustration* :

Un sous-intendant militaire, qui est aussi un habile agronome et
un savant botaniste, M V.-J. Zaccone, vient de publier un album
de soixante planches, avec texte, qu'il intitule *Album des cultivateurs et des gens du monde* et qui est destiné à faire exactement
connaître nos principales plantes fourragères, leur physionomie,
leurs qualités, leur culture, etc. C'est une des plus belles, des plus
intéressantes et des plus instructives publications que je connaisse.
Ce livre, cet album, appelez-le comme vous voudrez, m'a séduit
tout d'abord, parce que c'est un beau travail en même temps
qu'une œuvre éminemment utile.

J. ROTHSCHILD, 43, RUE ST-ANDRÉ-DES-ARTS, A PARIS

Vient de paraître :

TRAITÉ THÉORIQUE ET PRATIQUE

DE

CULTURE MARAICHÈRE

PAR

É. RODIGAS

Professeur à l'École d'Horticulture de l'État, à Gendbrugge-lez-Gand

Un volume in-18 orné de 70 gravures sur bois. Prix : 3 fr. 50.

Nous empruntons quelques lignes sur cet excellent ouvrage à l'article de M. Charles Naudin, membre de l'Institut, publié dans la *Revue horticole*, Numéro du 1er décembre :

« L'auteur considère la plante dans son sens le plus général et en déduit les principes fondamentaux de la culture. La plante vit, la plante assimile, donc il faut lui fournir les matériaux de son alimentation. C'est là le sujet d'un premier chapitre. Les Méthodes de culture viennent naturellement à la suite, et l'auteur fait voir comment elles se modifient suivant les lieux, les climats, les années, les besoins des populations. Un troisième chapitre, qu'il faut classer parmi les plus importants du livre, traite des engrais. Les assolements maraîchers, l'outillage horticole, les semis, les plantations complètent la première partie du livre. La deuxième partie est consacrée aux espèces. Les Plantes suffisamment décrites y sont par ordre alphabétique. L'auteur termine par un *Calendrier maraîcher* très-détaillé, et qui est le complément nécessaire de ce qui précède. Nous ne pouvons que louer l'auteur, dit M. Naudin, du soin qu'il apporte à sa rédaction; son style est clair, concis, et souvent élégant dans sa simplicité. Il connaît on ne peut mieux les légumes, espèces et variétés. »

J. ROTHSCHILD, 43, RUE ST-ANDRÉ-DES-ARTS, A PARIS

LES RAVAGEURS DES FORÊTS

ÉTUDE

SUR LES INSECTES DESTRUCTEURS DES ARBRES

A L'USAGE DES GENS DU MONDE

DES PROPRIÉTAIRES DE PARCS ET DE BOIS, RÉGISSEURS, AGENTS
FORESTIERS, AGENTS VOYERS, ARCHITECTES, GARDES
PARTICULIERS, GARDES FORESTIERS, PÉPINIÉRISTES, ETC.

PAR

H. de LA BLANCHÈRE

Élève de l'École Impériale Forestière, Ancien Garde Général des Forêts,
Président et Membre de plusieurs Sociétés savantes.

*Illustrée de 44 Bois dessinés d'après nature, et suivie d'un Tableau général
de tous les Insectes qui habitent les forêts de France.*

1 beau volume in-18 de 200 pages, avec plusieurs tableaux.
Relié, **2** fr.; relié tranche dorée, **3** fr.

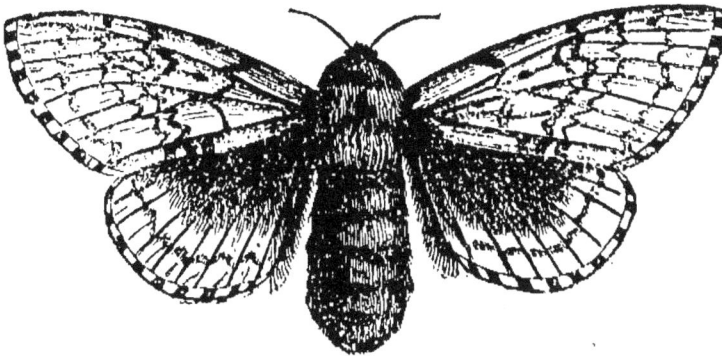

DEUXIÈME ÉDITION.

Apprendre à tout propriétaire d'arbres fruitiers, forestiers ou
d'ornement quels sont les insectes qui les ravagent et comment il
peut essayer de se défendre, tel est le but de ce traité. Exclusivement
écrit à l'usage des gens du monde, on en a banni toute dissertation
scientifique abstraite, tout terme néo-barbare de l'histoire naturelle
proprement dite, et 44 planches gravées indiquent aux yeux, non-
seulement la forme et la grandeur de l'insecte *ravageur*, mais encore
son travail particulier.

Un tableau synoptique joint à ce volume renferme la *totalité*
des insectes qui habitent nos forêts de France. Il permet, au moyen
d'une description sommaire, et de la constatation du lieu et de la
saison d'apparition, de déterminer l'espèce et le nom de l'animal,
et, par suite, le genre de dégâts que l'on doit redouter.

J. ROTHSCHILD, 43, RUE ST-ANDRÉ-DES-ARTS, À PARIS

GUIDE du FORESTIER

RÉSUMÉ COMPLET

DES LOIS ET RÈGLEMENTS

CONCERNANT

Le Service des Préposés de l'Administration des Forêts
et celui des particuliers et des gardes particuliers

suivi

De notions élémentaires de Sylviculture, d'Arpentage et de Cubage
et d'un Lexique des principaux termes

par A. BOUQUET de la GRYE

Conservateur des forêts, Inspecteur

Un vol. in-18. Relié

www.ingramcontent.com/pod-product-compliance
Lightning Source LLC
Chambersburg PA
CBHW062008200326
41519CB00017B/4720